Eingriffe in bestehende Bausubstanz

Problempunkte, Qualitätssicherung und Schadenssanierung

54. Frankfurter Bausachverständigentag 2019

Eingriffe in bestehende Bausubstanz

Problempunkte, Qualitätssicherung und Schadenssanierung

54. Frankfurter Bausachverständigentag 2019

Tagungsband

Veranstalter:

RG-Bau im RKW Kompetenzzentrum

mit

BDB Bund Deutscher Baumeister Architekten und Ingenieure e. V.

Hauptverband der Deutschen Bauindustrie e. V.

Fraunhofer-Informationszentrum Raum und Bau IRB

IFB Institut für Bauforschung e. V.

VBD Verband der Bausachverständigen Deutschlands e. V.

VHV Versicherungen

ZDB Zentralverband des Deutschen Baugewerbes e. V.

Fraunhofer IRB Verlag

Bibliografische Information der Deutschen Nationalbibliothek
Die Deutsche Nationalbibliothek verzeichnet diese Publikation in der Deutschen Nationalbibliografie; detaillierte bibliografische Daten sind im Internet über www.dnb.de abrufbar.

ISBN (Print) 978-3-7388-0375-4 ISBN (E-Book) 978-3-7388-0376-1

Eingriffe in bestehende Bausubstanz – Problempunkte, Qualitätssicherung und Schadenssanierung
54. Frankfurter Bausachverständigentag 2019
Tagungstermin: 27. September 2019
Tagungsort: Kongresszentrum der Deutschen Nationalbibliothek, Frankfurt am Main

Veranstalter:
RG-Bau im RKW Kompetenzzentrum, Düsseldorfer Straße 40 A, 65760 Eschborn
mit
BDB Bund Deutscher Baumeister Architekten und Ingenieure e. V., Berlin
Hauptverband der Deutschen Bauindustrie e. V., Berlin
Fraunhofer-Informationszentrum Raum und Bau IRB, Stuttgart
IFB Institut für Bauforschung e. V., Hannover
VBD Verband der Bausachverständigen Deutschlands e. V., Braunschweig
VHV Versicherungen, Hannover
ZDB Zentralverband des Deutschen Baugewerbes e. V., Berlin

Fachreferentin Bausachverständigentag
Ute Juschkus, RG-Bau im RKW Kompetenzzentrum

Redaktion: Fraunhofer IRB Verlag, Stuttgart
Satz: Fraunhofer IRB Verlag, Stuttgart
Druck und Bindung: jetoprint GmbH, VS-Villingen

Fraunhofer-Informationszentrum Raum und Bau IRB
Nobelstraße 12, 70569 Stuttgart
Telefon +49 7 11 9 70 -25 00
Telefax +49 7 11 9 70 -25 08
irb@irb.fraunhofer.de
www.baufachinformation.de

Coverbilder: Ingo Leuschner (links), Stephan Eich (Mitte), Constanze Messal (rechts)

54. Bausachverständigentag

Vorwort

Die RG-Bau im RKW Kompetenzzentrum veranstaltet bereits zum 54. Mal den Frankfurter Bausachverständigentag mit der Zielsetzung, die Prävention von Bauschäden und die Qualitätssicherung beim Bauen zu fördern. Der Kongress hat sich zu einer anerkannten Plattform für den Informations- und Erfahrungsaustausch für Planer, Bauausführende und Bausachverständige entwickelt. Dieses Jahr findet der Kongress unter dem Titel »Eingriffe in bestehende Bausubstanz« statt.

Die hohe Auslastung der Bauwirtschaft hält nun schon seit Jahren an und die Auftragsbücher der Unternehmen sind weiterhin gut gefüllt. Das Bauen im Bestand hat hieran einen großen Anteil. Doch mit Eingriffen in die Bausubstanz sind besondere Risiken verbunden. Der 54. Frankfurter Bausachverständigentag greift dieses Thema auf und zeigt, wie bei Umbau-, Ausbau- oder Sanierungsarbeiten Schäden vermieden werden können. Erfahrene Bausachverständige und Experten erläutern typische Eingriffe bei Bestandsbauwerken und stellen anhand von Praxisbeispielen Schadensursachen und Sanierungsmöglichkeiten dar. Ein wesentlicher Schlüssel zur Schadensprävention ist die Sanierungsplanung auf der Basis einer guten Bestandsaufnahme. Die Referenten zeigen auf, wie schon in der Planung Mängel vermieden werden können und welche Möglichkeiten der Einsatz von Drohnen für Planer und Bausachverständige eröffnet. Auch Schadstoffe am Bau spielen beim Bauen im Bestand eine große Rolle, denn sie müssen erkannt und bewertet werden. Die Regelungen des neuen Strahlenschutzgesetzes zum Schutz vor Radon in Gebäuden werden speziell für Bausachverständige, Planer und Bauausführende aufbereitet und erläutert. Zum Abschluss werden Fragen nach mangelhaften Bauleistungen beim Bauen im Bestand aus juristischer Sicht beantwortet.

Für die tatkräftige Unterstützung bei der Vorbereitung und Durchführung der Veranstaltung bedanken wir uns bei allen unseren Mitveranstaltern, dem BDB Bund Deutscher Baumeister Architekten und Ingenieure e. V., dem Hauptverband der Deutschen Bauindustrie e. V., dem Fraunhofer-Informationszentrum Raum und Bau IRB, dem IFB Institut für Bauforschung e. V., dem Verband der Bausachverständigen Deutschlands e. V., den VHV Versicherungen und dem Zentralverband des Deutschen Baugewerbes e. V.

Christina Hoffmann

Christina Hoffmann

Leiterin der RG-Bau im RKW Kompetenzzentrum

Inhaltsverzeichnis

Sanierungsplanung ohne Überraschungen

Wie Schadstoffe am Bau erkannt und bewertet werden können

Constanze Messal

Abstract: Wenn Sachverständige gerufen werden, um einen Schaden festzustellen, reicht es nicht aus, wenn sie den Schaden dokumentieren und ein Sanierungskonzept erstellen. Immer wieder ist dabei auch die Frage zu stellen, ob das schon alles war. Und zwar im Hinblick darauf, ob ein der Aufgabenstellung entsprechender Eingriff in die Bausubstanz plötzlich eine ganz andere Problematik zum Vorschein bringen kann. Wenn Probennahme und Sanierungstätigkeiten Gebäudeschadstoffe freisetzen können, gilt es, die Gefahrstoff- und Biostoffverordnung zu berücksichtigen. Und zwar schon vorab, am besten schon in der Planung von Probennahmen und Bauteilöffnungen beim Ortstermin. Dazu sollen Sachverständige notwendige Informationen über Gebäudeschadstoffe durch die Bauherren erhalten. Liegen diese nicht vor, muss durch Analyse die Gefahrenlage abgeschätzt werden. Dabei kann bereits im Vorfeld durch eine Gebäudeanamnese nach Alter, Standort und bestehenden Umbauten eruiert werden, was an Gebäudeschadstoffen erwartet werden kann, sodass eine gezielte Beprobung möglich ist. Dennoch gibt es auch immer wieder Zufallsfunde, die durch die Sachverständigen zu erkennen und angemessen zu bewerten sind. Unter anderem auch mit der Erkenntnis, dass dies nicht mehr das eigene Fachgebiet berührt und geeignete Fachleute hinzuzuziehen sind.

Keywords: Gebäudeschadstoffe, Schimmelpilze, Bakterien, Asbest, Mineralfasern, PAK, SVOC, Probennahme, Gefahrstoffverordnung, Biostoffverordnung

1 Geltende Regelwerke und Aufgaben des Sachverständigen

Warum ist es notwendig, dass Sachverständige bei einer Schadensbewertung und Sanierungsplanung sich Gedanken machen müssen, ob da neben dem eigentlichen Schadensereignis noch andere Überraschungen lauern können? Die kurze Antwort könnte lauten: weil das die Regelwerke so vorgeben. Ganz so einfach ist es nicht, denn natürlich ist viel über Gesetze und Verordnungen geregelt, jedoch nicht immer ganz einfach zu durchschauen, auf wen welches Regelwerk gerade zutrifft und warum es immer den Sachverständigen trifft, wenn es Ärger gibt. Um es etwas deutlicher zu machen, konstruieren wir einen Schadensfall: Leitungswasserschaden, vermutlich nicht das erste Mal, Bestandsgebäude von 1960, in den 1970er-Jahren mit Trittschalldämmung versehen, es soll getrocknet werden. Als hinzugezogener Sachverständiger ist demnach vorab festzustellen, wie groß der durchfeuchtete Bereich ist und welche Bauteile betroffen sind. Ist die Trocknung technisch möglich, kann losgelegt werden. Wirklich? Natürlich nicht. Zwei Dinge sollten sofort ins Auge stechen:

1. Es war wohl nicht der erste Schaden und
2. das Gebäude hat auch baustofftechnisch ein paar spannende Jahre auf dem Buckel.

Also ist eine Überprüfung der Bauteilfeuchte allein nicht ausreichend, um ein nachhaltiges Sanierungskonzept zu erstellen. Es dürfte wohl etwas komplizierter werden.

Schauen wir uns doch kurz mal an, was dazu an Regelwerken zu berücksichtigen ist: Zunächst regelt die Musterbauordnung mit den jeweiligen Landesbauordnungen die notwendigen Verfahren zur Errichtung von Bauwerken sowie bei Umbauten, Instandsetzung und Nutzungsänderungen. Die Musterbauordnung spricht dabei zunächst den Bauherrn an; ihm obliegt es, die notwendigen Genehmigungen beizustellen und Fachkräfte zur Fachplanung, Bauleitung und Koordination heranzuziehen, sofern er diese Aufgaben nicht selbst übernehmen kann. Dazu zählt auch, dass er den Beteiligten am Bau Informationen über Gebäudeschadstoffe bereitstellt. Aufgabe des Bauherrn ist es zudem, das Sanierungsziel vorzugeben und am Ende die Leistung abzunehmen. Diese Anforderungen an den Bauherrn dürften Bau-Laien massiv überfordern. Doch die Regelwerke sehen vor, dass der Bauherr deshalb nicht aus seiner Verantwortung entlassen wird, sich aber Unterstützung durch fachkundige Personen holen kann bzw. muss. Dabei wird der Sachverständige insbesondere in seiner Rolle als Berater und Unterstützer des Bauherrn gefordert und dürfte regelmäßig einen Großteil dieser Aufgaben übernehmen.

Mit der Baustellenverordnung (BaustellV) wird nun das ausführende Unternehmen einbezogen. Im Vordergrund steht nunmehr die Umsetzung des Arbeitsschutzgesetzes. Die Umsetzung ruht hierbei verstärkt auf den Schultern des ausführenden Unternehmers in seiner Funktion als Arbeitgeber. Nichtsdestotrotz finden sich auch hier die Pflichten des Bauherrn als Gesamtkoordinator wieder, gleichwohl er dies auch durch Benennung geeigneter Fachkräfte sicherstellen kann. Das wäre ein zweites Einsatzgebiet für unseren Sachverständigen.
Insbesondere beim Umgang mit Gefahr- und Biostoffen muss der ausführende Unternehmer sicherstellen, dass keine Gefahren für die Arbeitnehmer und Dritte bestehen. Diese zusätzlichen Aspekte sind in der GefStoffV sowie in der BioStoffV hinterlegt. Dazu wird häufig auf die fachkundige Person verwiesen. Ist diese nicht im ausführenden Unternehmen ansässig, kann auch hier wieder der Sachverständige mit der entsprechenden Fachkunde beauftragt werden.

Um die teilweise abstrakten Anforderungen umsetzen zu können, sind den jeweiligen Gesetzen und Verordnungen Technische Regeln zugeordnet, die Einzelaspekte in der Umsetzung untergesetzlich verbindlich regeln. Für die Einhaltung der Schutzziele bei Sanierungstätigkeiten sind zudem zahlreiche Regeln und Informationen der Deutschen Gesetzlichen Unfallversicherung (DGUV) und der Berufsgenossenschaften anzuwenden. Für eine fachkundige Sanierungsplanung ist die Kenntnis dieser Regeln zwingend notwendig. Man muss sie dazu nicht alle auswendig kennen, sie aber als sinnvolle Ergänzung und Hilfe bei der Umsetzung der Sanierungs- und Arbeitsschutzziele verstehen.

Tabelle 1 Übersicht der geltenden Rechtsvorschriften und den Beteiligten am Sanierungsverfahren (aus [18]).

Titel	Betrifft	Inhalt
Gesetze und Verordnungen		
Musterbauordnung *MBO*	• Bauherren • (Länder/Behörden)	öffentlich-rechtliche Vorgaben für das sichere Errichten und Instandsetzen von Bauwerken
Verordnung über Sicherheit und Gesundheitsschutz auf Baustellen *BaustellV*	• Bauherren • ausführende Unternehmen	zusätzlich geltende Vorgaben zum Arbeits- und Gesundheitsschutz auf der Baustelle für alle am Bau Beteiligten
Gesetz über die Durchführung von Maßnahmen des Arbeitsschutzes zur Verbesserung der Sicherheit und des Gesundheitsschutzes der Beschäftigten bei der Arbeit *ArbSchG*	• ausführendes Unternehmen	grundsätzliche, immer geltende Vorgaben zum Arbeits- und Gesundheitsschutz von Beschäftigten
Gesetz über Betriebsärzte, Sicherheitsingenieure und andere Fachkräfte für Arbeitssicherheit *ASiG*	• Betriebsärzte • Sicherheitsingenieure • Fachkraft für Arbeitssicherheit	regelt die Beratung, Unterstützung und Überwachung der sich ergebenden Schutzziele sowie arbeitsmedizinische Vorsorge durch geeignete Fachkräfte
Verordnung für Sicherheit und Gesundheitsschutz bei der Benutzung persönlicher Schutzausrüstung bei der Arbeit *PSA-BV*	• ausführendes Unternehmen • Betriebsärzte, Sicherheitsingenieure, Fachkraft für Arbeitssicherheit	zusätzlich geltende Regelungen für die Auswahl, Nutzung, Überwachung und Wartung von PSA und zur arbeitsmedizinischen Vorsorge

Titel	Betrifft	Inhalt
Verordnung über Sicherheit und Gesundheitsschutz bei Tätigkeiten mit biologischen Arbeitsstoffen *BioStoffV*	• ausführendes Unternehmen • fachkundige Person nach BioStoffV	zusätzlich geltende Regelungen über notwendige Schutzmaßnahmen, wenn Tätigkeiten mit Biostoffen ausgeführt werden
Verordnung zum Schutz vor gefährlichen Stoffen *GefStoffV*	• ausführendes Unternehmen • Lieferanten	zusätzlich geltende Regelungen bei der Verwendung von Gefahrstoffen sowie deren Überwachung und notwendige Schutzmaßnahmen
Untergesetzliches Regelwerk		
Regeln zum Arbeitsschutz auf Baustellen *RAB*	• ausführendes Unternehmen • *SiGeKo*	konkretisiert Anforderungen an den Arbeitsschutz auf Baustellen als anerkannte Regel der Technik
Technische Regeln für biologische Arbeitsstoffe *TRBA*	• ausführendes Unternehmen • fachkundige Person nach BioStoffV	konkretisiert teilweise verbindlich Mindestanforderungen an den Umgang mit Biostoffen und notwendige Schutzmaßnahmen als anerkannte Regel der Technik
Technische Regeln für Gefahrstoffe *TRGS*	• ausführendes Unternehmen • Lieferanten	konkretisiert teilweise verbindlich den Umgang mit Gefahrstoffen, definiert Arbeitsplatzgrenzwerte und die notwendigen Schutzmaßnahmen als anerkannte Regel der Technik
Autonomes Recht der gesetzlichen Unfallversicherungsträger (DGUV)		
DGUV Vorschriften	• Unternehmer • Versicherte	verbindliche Pflichten bezüglich Sicherheit und Gesundheitsschutz am Arbeitsplatz
DGUV-Regeln	• Unternehmer	regelt weitgehend verbindlich die Umsetzung staatlicher Arbeitsschutz- und Unfallverhütungsvorschriften sowie die Vermeidung von Arbeitsunfällen, Berufskrankheiten und arbeitsbedingten Gesundheitsgefahren
DGUV Informationen	• Unternehmer • fachkundige Person • Arbeitsschutzbeauftragte • Sicherheitsfachkraft	Hinweise und Empfehlungen, die die praktische Anwendung von Regelungen erleichtern sollen und konkrete praxisgeeignete Arbeitsschutzmaßnahmen vorstellen
DGUV Grundsätze	• Unternehmer • befähigte Person	Verfahren und Prüfvorschriften hinsichtlich der Durchführung von Prüfungen, z.B. Absturzsicherung

2 Im Schadensfall: Haben wir nun ein Problem?

Kürzlich wurde veröffentlicht, dass im Jahr 2017 allein in Mecklenburg-Vorpommern 206 neue Erkrankungsfälle wie Lungenkrebs und Asbestose aufgetreten sind, die nachweislich durch Asbest ausgelöst wurden. 77 dieser Fälle wurden als Berufskrankheit anerkannt. Auch wenn es seit den 1990er-Jahren ein Verarbeitungsverbot gibt, sind noch heute asbestbelastete Baustoffe anzutreffen. Und so sind die Beschäftigten auch heute noch bei Sanierungs- und Abbrucharbeiten hohen Faserkonzentrationen ausgesetzt, die zu erheblichen Gesundheitsschäden führen können. Wird dabei eklatant gegen die Arbeitsschutzrichtlinien verstoßen, können die Folgen für die Beschäftigten, aber auch für ungeschützte Dritte massiv sein. So wurde durch das Landesamt für Gesundheit und Soziales (LAGUS MV) bei fünf Abbruchmaßnahmen Strafanzeige gestellt.

Kann das auch unserem Sachverständigen in unserem Schadensfall »Bauteiltrocknung« passieren? Zu weit hergeholt? Nun haben wir schon festgestellt, dass eine einfache Feuchtemessung nicht ausreichen wird. Ein schwimmender Estrich aus den 1970er-Jahren dürfte bevorzugt mit Mineralwolldämmung ausgeführt sein. Da sollte sich der Sachverständige schon mal über den Zustand der künstlichen Mineralfasern informieren, denn es könnte bereits eine Besiedlung mit Schimmelpilzen und Bakterien vorliegen. Dazu müsste man einen Bohrkern entnehmen. Durch das Parkett, ebenso alt wie die Dämmung. Aber das könnte mit PAK verklebt sein, vielleicht sogar asbesthaltig. Und wenn die Mineralfasern dann draußen sind, wäre in jedem Fall mit WHO-Fasern zu rechnen. Ups! Schon die Probennahme kann zur Freisetzung von Gebäudeschadstoffen führen und fällt damit unter die Gefahr- und Biostoffverordnung. Und wenn im Falle der Sanierung der Rückbau droht, dann potenziert sich die Gefährdung entsprechend. Und das ist zu berücksichtigen.
Nun ist aber nicht ohne Weiteres erkennbar, was sich in einem Bauteil verbirgt. Und nicht immer ist auch der Bauherr gewillt, die notwendigen Auskünfte über potenzielle Gebäudeschadstoffe einzuholen. Daher Augen auf! Hier ein paar Hinweise, wie sich einige Klippen umschiffen lassen.

3 Gefährdungen erkennen

Früher innovative Baustoffe oder potente Insektizide können heute eine Gefahr für die am Bau Beteiligten und die Nutzer darstellen. Daher sollte in Bestandsimmobilien bei jeglicher Art von Probennahme oder geplanten Sanierungsarbeiten im Vorfeld überprüft werden, was an Gebäudeschadstoffen auftreten und bei Sanierungstätigkeiten freigesetzt werden könnte. Wenn der Bauherr kein Schadstoffkataster liefern kann, muss es nachfolgend erstellt werden. Spätestens der Ausführende muss diese Informationen in seine Gefährdungsbeurteilung zwingend einfließen lassen. So ist die Abfrage anderer Innenraumschadstoffe fester Bestandteil der Gefährdungsbeurteilung nach DGUV-I 201-028.

Typische Gebäudeschadstoffe lassen sich, wenn man die Hinweise kennt, gut abschätzen – oftmals auch ohne große Einsicht in die Bauunterlagen (soweit diese überhaupt noch vorhanden sind) und ohne Probennahme: nämlich mit einem Blick auf die Lebensgeschichte der Immobilie unter Einbeziehung geopolitscher Aspekte. Bei der Begehung sollte etwas genauer hingeschaut und durchaus auch dem Bauchgefühl vertraut werden. Wie ist der erste Eindruck? Treten Befindlichkeitsstörungen auf? Riecht es vielleicht auffällig? Bei der Besichtigung des Dachstuhls sollte man auf Ausblühungen achten. Auch ein Blick auf herumliegendes Gerümpel ist notwendig. Lagern dort eventuell Dachsteine rum, die Fasern enthalten? Wurde Mineralwolle verbaut und wenn ja, wann genau?

3.1 Alter und Standort

Zwei wesentliche Faktoren beeinflussen eine potenzielle Schadstoffbelastung maßgeblich: Alter und Standort. Das Alter einer Bestandsimmobilie gibt Auskunft darüber, welche Bauepochen durchlaufen wurden. Jede Epoche zeichnet sich durch typische Baustoffe und Konstruktionsweisen aus. Viele der verwendeten Baustoffe wurden im Laufe der Zeit durch Sanierungen, bauliche Veränderungen und Überarbeitungen verändert. Es wurden Installationen und Fenster getauscht und dadurch die bauphysikalischen Gegebenheiten verändert. Neben den baulichen Veränderungen der ursprünglichen Bausubstanz schlagen sich aber auch nutzungsbedingte Veränderungen in einer potenziellen Schadstoffbelastung nieder. Daher ist abzuklären, wie das Objekt genutzt wurde. Gab es eine Gewerbenutzung oder war die Bestandsimmobilie immer als Wohnhaus genutzt worden? Auch kann das Alter Auskunft geben über potenziell verbaute Baustoffe oder eingebrachte Substanzen, die heute nicht mehr zugelassen sind oder aber aufgrund von Verboten bereits bei früheren Sanierungen entfernt und ausgetauscht wurden. Hintereinander gelistet ergibt sich somit eine Abfolge möglicher Gebäudeschadstoffe. Wie das für einige typische Gebäudeschadstoffe aussehen kann, zeigt das Bild 1.

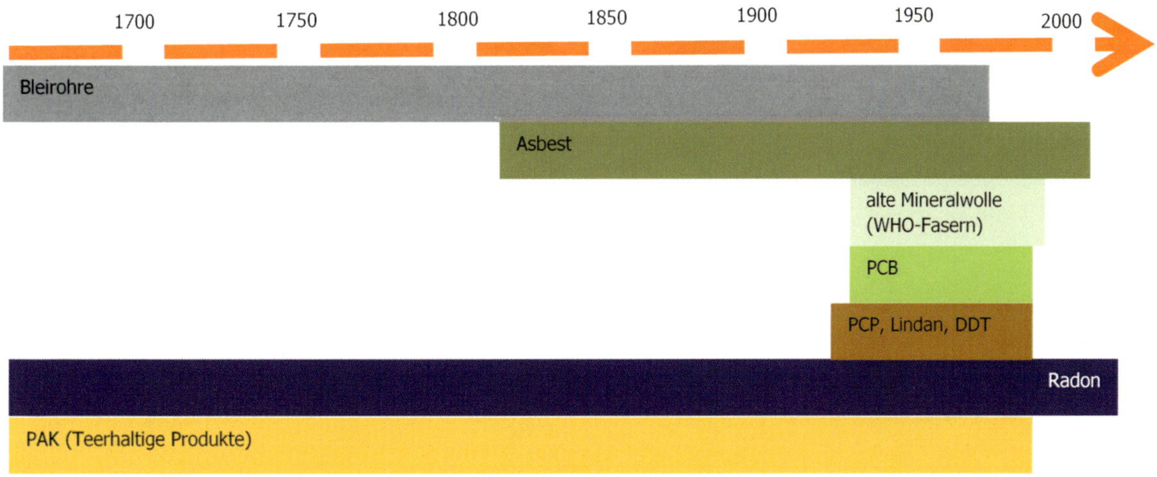

Bild 1 Gebäudeschadstoffe in zeitlicher Abfolge, wie sie in Bestandsbauten auftreten können; Aufzählung nicht vollständig

Auch der Standort spielt bei einer potenziellen Abfolge von Gebäudeschadstoffen eine große Rolle. So können schlichtweg politische Hintergründe ausschlaggebend sein, ob man mit einem bestimmen Schadstoff rechnen kann oder nicht. So gibt es grundlegende Unterschiede zwischen Immobilien in Ost- und Westdeutschland, was potenzielle Belastungen mit Holzschutzmitteln betrifft. Des Weiteren treten Belastungen durch natürlich vorkommende Radioaktivität (z. B. durch Radon) auf. Hier helfen Kartierungen, die z. B. vom Bundesamt für Strahlensicherheit herausgegeben werden. Aber auch die Nähe zu bestimmten Firmen und die lokale Verbreitung von Baustoffen können ebenso wie lokale Bauweisen und klimatische Einflüsse eine Rolle spielen. Auch hieraus ergibt sich eine Wahrscheinlichkeit für das Auftreten möglicher Gebäudeschadstoffe.

Im Folgenden ist eine Auswahl an möglichen Überraschungen aufgeführt, die bei einfachen Sanierungstätigkeiten dennoch zu großen Problemen führen können.

3.2 Natürliche und künstliche Mineralfasern

Asbest ist immer wieder und immer noch ein wichtiges Thema in der Schadstoffsanierung, wie der aktuelle Nationale Asbestdialog belegt.

Wer dies für einen modernen Baustoff hält und dabei lediglich an den Eternit-Skandal denkt, dem sei gesagt, dass Asbest bereits seit der Antike bekannt war und genutzt wurde. Die natürlichen, faserigen Silikate, wobei die Minerale Blauasbest (Krokydolith) und insbesondere Weißasbest (Chrysotil) als die technisch bedeutenderen gelten. Asbestfasern sind hitzebeständig und chemikalienresistent.

Bild 2 Rasterelektronenmikroskopische Aufnahme von Asbestfasern (Bildquelle: Ingenieurgemeinschaft Meyer & Horn-Samodelkin, Rostock)

Die technische Nutzung begann ca. 1820 in feuerfester Kleidung. 1900 erwarb der Österreicher Ludwig Hatschek das Patent für Eternit-Faserzement. Zwischen 1980 und 1990 wurden alle Eternit-Produkte auf asbestfreie Faserzuschläge umgerüstet. Asbestprodukte kamen als Faser/-Spritzzement, Dachplatten oder Dämmstoffe zum Einsatz, aber auch als Einbauten in elektrischen Geräten [1, 2].

Bereits 1900 wurde Asbestose als Krankheit entdeckt. Die kritische Fasergeometrie ist der Grund für die gesundheitsgefährdende Wirkung, auch bei künstlichen Mineralfasern. Bei einer Faserlänge > 5 µm und einem Durchmesser von < 3 µm ist eine Einwanderung in die Alveolen der Lunge möglich und führt schon bei geringer Belastung zur Asbestose. Die lungengängigen Fasern verhaken sich in den Lungenbläschen und können durch die Makrophagen nicht abgebaut und auch nicht vollständig eingekapselt werden, was zu dauernden Entzündungsreaktionen führt. Dadurch erhöht sich das Risiko, an Lungenkrebs zu erkranken. Raucher tragen dabei sogar ein zehnmal höheres Risiko. So wurde bereits 1943 Lungenkrebs als Folge von Asbestbelastungen als Berufskrankheit anerkannt. Seit 1970 wird die Asbestfaser offiziell als krebserzeugend bewertet [3, 4, 5]. 1979 trat in der BRD ein Verbot von Spritzasbest in Kraft. Erst 1993 wurde jedoch ein generelles Verbot der Herstellung und Verwendung von Asbest in Deutschland ausgesprochen. Seit 2005 ist der Einsatz von Asbest EU-weit verboten. Die besondere Gefährdung bei Asbest liegt in der Freisetzung von Asbestfasern durch die Bearbeitung, den Abrieb und die Verwitterung. Leicht zugängliche Asbestfasern im Spritzbeton bedeuten daher eine große Gefährdung, was Sanierungsarbeiten und hierbei sehr hohe Anforderungen an den Arbeits- und Objektschutz erfordert. Eine eher geringere Gefährdung geht vom Faserzement aus, solange dieser unbeschädigt bleibt.

Neben Asbest können auch künstliche Mineralfasern (KMF) zu den Innenraumschadstoffen zählen, die ab 1931 großtechnisch hergestellt wurden. Zu den künstlichen Mineralfasern im Innenraum zählen vor allem Glas- und Steinwolle als Dämmstoffe. Ob es sich um eine gesundheitsgefährdende Faser handelt, hängt sowohl von der Fasergeometrie als auch von der Zusammensetzung der Oxide ab.

Wie bereits bei den Asbestfasern beschrieben, gelten Faserlängen > 5 µm mit einem maximalem Durchmesser < 3 µm und einem Verhältnis der Länge zum Durchmesser größer 3:1 als gesundheitsgefährdend. Diese Werte wurden 2005 in einem Konsenspapier der WHO vorgestellt, in dem die Gesundheitsgefahren für Asbest und andere Mineralfasern zusammenfassend dargestellt sind [3, 4]. Die Beurteilung der Gefährlichkeit erfolgt zudem über die Bestimmung des Kanzerogenitätsindexes (KI-Wert). Der KI-Wert wird ermittelt aus der Differenz der Massegehalte der Oxide von den Elementen Natrium (Na), Kalium (K), Bor (B), Kalzium (Ca), Magnesium (Mg), Barium (Ba) abzüglich des Zweifachen des Aluminiumoxidgehalts (Al_2O_3). Anschließend erfolgt eine Einteilung in Kategorien: Die Kategorie 1b hat einen KI-Wert < 30 und umfasst Stoffe, die als krebserzeugend beim Menschen angesehen werden. Bei der Kategorie 2 liegt der KI-Wert zwischen 30 und unter 40 und umfasst Stoffe, die wegen möglicher krebserregender Wirkung beim Menschen Anlass zur Besorgnis geben. Über diese Stoffe liegen jedoch nicht genügend Informationen vor, sodass gegenwärtig keine befriedigende Beurteilung möglich ist. Glasige Fasern mit einem KI-Wert > 40 werden als nicht krebserzeugend eingestuft und müssen auch nicht kategorisiert werden [5].

Die meisten KMF zeigen Eigenfluoreszenz und sind deshalb gut in Staub- oder Luftproben nachweisbar. Auch hier lässt sich in der Zeitachse ein wichtiges Datum markieren: Ab 1996 wurden nach Produktionsumstellungen nur noch »unschädliche« Fasern verbaut. Wer also herausfindet, dass die Dämmmaßnahmen nach 1996 vorgenommen wurden, hat schon mal ein Problem weniger, denn er kann davon ausgehen, dass keine WHO-Fasern verbaut wurden.

Bild 3 Künstliche Mineralfasern im Mikroskop: Unter UV-Anregung fluoreszieren viele Fasern, sodass sie leicht zu identifizieren sind.

3.3 Radon

Radon ist ein besonderer Innenraumschadstoff, der nicht menschenverursacht auftritt, aber dennoch erst durch menschliche Behausungen zum Problem wird. Radon ist nicht erst seit dem 20. Jahrhundert bekannt. Natürlich gab es schon immer Radon-Vorkommen, nur waren diese nicht nachweisbar bzw. unbekannt und spielten bei früheren Bauweisen vermutlich einfach keine Rolle. Das Edelgas Radon ist in allen Isotopen radioaktiv. Ursache für das Vorkommen und die Anreicherung in Häusern ist hauptsächlich das im Boden gebildete Radon-222 aus dem im Gestein vorhandenen Radium (Zerfallsprodukt des Urans). Damit ist Radon nicht nur ein Problem der Bestandsimmobilien, sondern auch der Neubauten. Radon hat trotz seiner noch jungen Entdeckung eine bewegte Historie. Entdeckt wurde es 1900 von Friedrich Ernst Dorn. Dieser nannte es Radium-Emanation, als das »aus Radium Herausgehende« [6]. Im Jahr 1908 isolierten William Ramsay und Robert

Whytlaw-Gray eine ausreichende Menge des Gases und nannten es Niton, weil es leuchtete. Erst 1923 wurden die Bezeichnungen Radium-Emanation und Niton durch den Begriff Radon abgelöst. Die Radonbelastung ist regional sehr unterschiedlich ausgeprägt. Regional erhöhte Belastungen sind z. B. häufig im Zusammenhang mit Uran-Lagerstätten zu finden. Hierzu haben Bund und Länder eine Radonkarte für Deutschland herausgebracht, welche die einzelnen Belastungen in Deutschland anzeigt [7, 8].

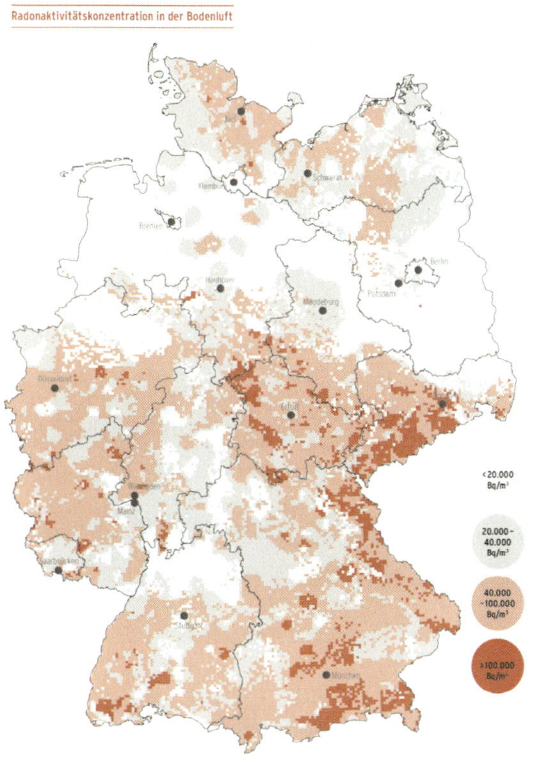

Bild 4 Das Bundesamt für Strahlenschutz gibt eine bundesweite Radonkarte aus. Zudem kann man sich online beim BfS-Geoportal über die Belastung am betroffenen Standort informieren.

Radon dringt durch Gebäudeundichtigkeiten ein und reichert sich an. Bei einem ausreichenden Luftwechsel ist das kein Problem, die zunehmende Luftdichte der Gebäude, von der Neubauten stärker als Bestandsimmobilien betroffen sind, erschwert jedoch die Lüftung und somit die Verdünnung der Isotope. Daher ergeben sich besondere Anforderungen an Konstruktion und Lüftungseinrichtungen in gefährdeten Gebieten. Geregelt wird dies durch das Strahlenschutzgesetz. Hierzu haben die betroffenen Bundesländer bis 2020 festzustellen, wo besondere Expositionen mit Radon zu erwarten sind.

Die Gesundheitsgefährdung durch Radon ist vor allem in der Inhalation der Isotope und Zerfallsprodukte zu sehen. Bei Anreicherung in der Innenraumluft werden Radon-222 und Zerfallsprodukte mit der Atemluft eingeatmet. Beim Zerfall des Radons entsteht ionisierende Strahlung. Allein die Inhalation macht ca. 30 % der gesamten Belastung der Bevölkerung durch ionisierende Strahlung aus. In der Lunge zerfallen sie weiter unter Aussendung von α- und β-Strahlung. α-Teilchen haben eine hohe Teilchenenergie. Die biologische Strahlenwirkung von α-Strahlen ist gegenüber β- und γ-Strahlung erheblich größer (etwa 20-fach), sodass lokal erhebliche Zellschädigungen verursacht werden, die schließlich zu Lungenkrebs führen können [9, 10]. Eine ausreichende Reduzierung der Radon-Konzentration kann oft schon mit so einfachen Maßnahmen wie kurzes, intensives Lüften (Stoßlüfen) erreicht werden. Als Entscheidungsgrundlage für Maßnahmen sollten Ergebnisse von Langzeitmessungen dienen. Die Messdauer sollte mindestens sechs Monate, besser ein Jahr betragen. Kurzzeitmessungen von wenigen Stunden oder Tagen sind im Allgemeinen für Sanierungsentscheidungen nicht geeignet. Zur Unterbrechung von Eintrittspfaden des Radons aus dem Gebäudeuntergrund in die Häuser ist beim Neubau das Einbringen einer gegenüber dem Baugrund durchgängig radondichten Schicht, die auch die Wände einbezieht, effektiv und preiswert. In bestehenden Häusern ist diese Maßnahme oft nur begrenzt möglich oder technisch sehr aufwendig [11, 12].

3.4 PAK und SVOC

Doch damit ist die Bandbreite an Schadstoffen, die uns im Bestandsgebäude begegnen können, noch lange nicht erschöpft. Die Polyzyklischen Aromatischen Kohlenwasserstoffe (PAK) finden sich zum Beispiel im schwarzen Kleber unterm Parkett oder in teerartigen Überzügen auf Holz. Dabei handelt es sich durchaus um historische Bauprodukte, mit denen schon unsere Urväter Gebäude, aber auch Boote abgedichtet hatten.

Unter PAK versteht man Kohlenwasserstoffe in Ringform (das sind die Aromaten), von denen mehrere miteinander verbunden sind (kondensiert). Chemisch gesehen sind es überwiegend neutrale, unpolare Feststoffe. Viele zeigen Fluoreszenz, wodurch sie in Materialproben auch durch UV-Mikroskopie festgestellt werden können [2]. PAK sind nur sehr gering wasserlöslich; mit zunehmender Anzahl kondensierter Ringe nehmen Flüchtigkeit und Löslichkeit (auch in organischen Lösungsmitteln) ab. Zahlreiche PAK sind nachweislich karzinogen, also krebserregend [9,

10, 13], daher gibt es EU-Grenzwerte für Verbraucherprodukte, die auf den sogenannten 16 EPA-PAK, von denen sechs krebserregend sind, basieren [14, 15]. Beim Umgang mit PAK-belasteten Materialien ist der Arbeitsschutz strikt durch Einhaltung der Technischen Regel für Gefahrstoffe TRGS 551 [16] umzusetzen. Dabei wird als Leitsubstanz im Arbeitsschutz das Benzoapyren (aBAP) bewertet.

PAK haben ihren natürlichen Ursprung in Erdöl und Kohle, sind aber insbesondere in den weiteren Verarbeitungsstadien, wie z. B. in teerhaltigen Produkten oder Gummi, zu finden [2]. Heute noch finden wir PAK als Kleber unter Holzfußböden und als Trennpapier in Estrichen, im Gussasphaltestrich und in Asphaltfußbodenplatten. PAK-haltige Substanzen wurden außerdem in Bauwerksabdichtungen wie Dach- und Dichtungsbahnen, Teerpappen sowie in Anstrichen für erdberührte Bauteile und als Horizontalsperre im Mauerwerk verwendet. Aber auch teergebundene Korkdämmplatten und Backkorkplatten sind noch in manchem Kühlraum versteckt [13].

Bild 5 Wenn man bei Bauteilöffnungen auf schwarze Kleber oder Spachtelmassen trifft, darf man neben PAK auch Asbest vermuten.

Außerdem enthalten das Holzschutzmittel Carbolineum und einige Spachtelmassen hohe PAK-Anteile. Aufgrund der hohen gesundheitlichen Relevanz sind teerhaltige Produkte seit 1970 verboten. Fußbodenkleber enthielten noch bis ca. 1980 PAK. Jedoch waren noch bis 1990 PAK-haltige Holzschutzmittel zulässig. Verunreinigungen sind aufgrund des Herstellungsprozesses nicht vollständig vermeidbar, sodass bei kohle- oder erdölbasierten Bauprodukten gegebenenfalls eine Überprüfung erfolgen sollte [15].

Neben den PAK sind auch die sogenannten SVOC zu berücksichtigen. Während MVOC die leichtflüchtigen organischen Substanzen aus mikrobieller Stoffwechselaktivität sind, sind SVOC semi- oder schwerflüchtige Kohlenwasserstoffverbindungen und haben vergleichsweise sehr große Moleküle, die aufgrund ihrer physikalischen Eigenschaften temperaturabhängig als Gas oder Partikel auftreten können. Allen gemeinsam ist ein Flammpunkt bei einer Temperatur zwischen 240 bis 400 °C [2]. SVOC haben einen geringen Dampfdruck und sind sehr häufig durch Adsorption an Staubpartikeln, Möbeln und Textilien nachweisbar. Das ist aber nicht der Ursprungsort dieser Verbindungen, sondern sie stammen aus Bauprodukten wie Dämmstoffen oder anderen behandelten Bauteilen. Zu den SVOC zählen Weichmacher, Dioxine, Furane, Holzschutzmittel wie DDT, PCP, aber auch Pyrethroide oder Flammschutzmittel.
Als Flammschutzmittel wurden häufig die polychlorierten Biphenyle (PCB) eingesetzt. Auch Anstrichen waren sie zugesetzt. Zu finden sind sie außerdem in elektronischen Baugruppen wie Kondensatoren. Seit 1989 dürfen sie nicht mehr eingesetzt oder in den Verkehr gebracht werden, dennoch sind sie in einzelnen Bauteilen oder Produkten noch nachweisbar und müssen entsprechend bewertet und entsorgt werden. Hier sind die Regelungen der Länder zu berücksichtigen [PCB-Richtlinie], aber auch die Grenzwerte in den Verbraucherprodukten einzuhalten. Bei den SVOC steht die toxische Wirkung im Vordergrund [9, 10], insbesondere die lungengängigen Partikel gelten als Auslöser des Sick-Building-Syndroms, bekannt sind aber auch kanzerogene und hormonelle Wirkungen [17]. Es wird einigen SVOC die Entstehung des Fogging-Phänomens zugewiesen. Da die SVOC eine sehr große Substanzgruppe umfassen, ist eine Eingrenzung oft nicht möglich. Wer sich mit dieser Gruppe an Innenraumschadstoffen auseinandersetzen muss, braucht neben einer guten Spürnase auch ein gutes Labor, um alles zu erfassen, was einem da begegnen könnte. Um den Laboraufwand in Grenzen zu halten, empfehlt es sich, typische Leitsubstanzen zuerst zu erfassen, um sich dann gegebenenfalls in eine tiefere Analytik zu begeben.

3.5 Umgang mit Gebäudeschadstoffen

Ja, da wollte man eigentlich nur ein paar nasse Wände und einen Fußboden trocknen. Zur Belohnung gab´s einen bunten Blumenstrauß an Gebäudeschadstoffen. Wie nun damit umgehen? Wichtig ist, zu erkennen, dass eine Gefährdung vorliegen könnte. Mit einer Beprobung kann das Problem eingegrenzt werden. Dann muss unter Umständen die Sanierungsplanung an die neuen Befunde angepasst werden. Dazu gehört auch die Entscheidung, ob aufgrund vorgefundener Schadstoffe andere Sanierungsverfahren, ein erhöhter Umgebungsschutz und schlussendlich auch höhere Anforderungen an den Arbeitsschutz notwendig sind. Auf die Fragestellungen, wie das im Einzelnen aussieht und welche Methoden anwendbar sind, ob man maskieren kann etc., kann hier nicht weiter eingegangen werden. Es kann auch sein, dass dies sowieso nicht mehr für unseren Sachverständigen zutrifft, weil notwendige Sachkundenachweise fehlen. Das ist keine Schande. Die eigenen Grenzen zu erkennen, ist bei Sachverhalten, die strafrechtlich geahndet werden können, immer von Vorteil. Außerdem gibt es viele gute Kollegen, die übernehmen können. Wichtig ist, dass der Sachverständige die Situation erkennt und richtig einschätzt – zum Eigenschutz, zum Schutz Dritter und anderer Gewerke, für eine nachhaltige Sanierungsplanung und damit auch für das erfolgreiche Erreichen des Sanierungsziels.

Literatur

[1] Moriske, H. J.: Schimmel, Fogging und weitere Innenraumprobleme. Stuttgart: Fraunhofer IRB Verlag, 2007

[2] Thieme Verlag: RÖMPP Enzyklopädie zur Chemie und den angrenzenden Wissenschaften in deutscher Sprache. Stuttgart: Georg Thieme Verlag, 2014 URL: www.roempp.thieme.de/roempp4.0/do/UeberRoempp.do [Stand: 14.08.2019]

[3] Occupational and Environmental Health Department of Protection of the Human Environment World Health Organization (Hrsg.): Hazard Prevention REVENTION and Control in the Work Environment: Airborne Dust, Genf: WHO, 1999

[4] WHO Workshop on Mechanisms of Fibre Carcinogenesis and Assessment of Chrysotile Asbestos Substitutes. 8. bis 12. November 2005, Lyon, France, Summary Consensus Report, 2005

[5] Bayerisches Landesamt für Umwelt (Hrsg.): Infoblatt: Künstliche Mineralfasern. UmweltWissen – Abfall. Stand: Neufassung: Februar 2004; Überarbeitungen: April 2008, Januar 2017, April 2018

[6] Dorn, E.: Über die von radioaktiven Substanzen ausgesandte Emanation. Abhandlungen der Naturforschenden Gesellschaft zu Halle. 23 (1901), S. 1-15

[7] Bundesministerium für Umwelt, Naturschutz und Reaktorsicherheit (Hrsg.): Radon-Handbuch Deutschland. Stand: September 2001, letzte Aktualisierung: 2010, Bonn: 2010

[8] Bundesamt für Strahlenschutz (Hrsg.): Die Radonkarte Deutschlands. URL: www.bfs.de/DE/themen/ion/umwelt/radon/karten/boden.html, Stand 14.08.2019

[9] WHO Regional Office for Europe (Hrsg.): WHO guidelines for indoor air quality: selected pollutants. Kopenhagen: Selbstverlag, 2010

[10] Schmitz-Spanke, S.; Nesseler, T.; Letzel, S.; Nowak, D. (Hrsg.): Umweltmedizin Neue Erkenntnisse aus Wissenschaft und Praxis. Landsberg am Lech: ecomed, 2017

[11] Bundesamt für Strahlenschutz: Merkblatt Maßnahmen zum Schutz vor erhöhten Radonkonzentrationen in Gebäuden (2011)

[12] Bundesamt für Strahlenschutz (Hrsg.): Radon – ein kaum wahrgenommenes Risiko. Stand: Juli 2016.

[13] Umweltbundesamt (Hrsg.): Polyzyklische Aromatische Kohlenwasserstoffe, Umweltschädlich! Giftig! Unvermeidbar? Dessau-Roßlau: Januar 2016

[14] Verordnung (EU) Nr. 1272/2013 der Kommission vom 6. Dezember 2013 zur Änderung von Anhang XVII der Verordnung (EG) Nr. 1907/2006 des Europäischen Parlament und des Rates zur Registrierung, Bewertung, Zulassung und Beschränkung chemischer Stoffe (REACH) hinsichtlich polyzyklischer aromatischer Kohlenwasserstoffe; Veröffentlicht im Amtsblatt der Europäischen Union: ABl. L328 vom 7.12.2013, S. 69-71

[15] Bundesinstitut für Risikobewertung (Hrsg.): Stellungnahme Nr. 032/2010: »Krebserzeugende polyzyklische aromatische Kohlenwasserstoffe (PAK) in Verbraucherprodukten sollen EU-weit reguliert werden – Risikobewertung des BfR im Rahmen eines Beschränkungsvorschlages unter REACH« Stellungnahme Nr. 032/2010 des BfR vom 26. Juli 2010. Berlin: 2010

[16] TRGS 551: Teer und andere Pyrolyseprodukte aus organischem Material. Ausgabe: August 2015; GMBl 2015 S. 1066-1083 [Nr. 54] (vom 06.10.2015) geändert und ergänzt: GMBl 2016, S 8-10 [Nr. 1] (vom 27.01.2016)

[17] Robertson, L.W.; Ludewig, G.: Polychlorinated Biphenyl (PCB) carcinogenicity with special emphasis on airborne PCBs. Gefahrstoffe – Reinhaltung der Luft 71 (2011), Nr. 1-2, S. 25–38

[18] Messal, C.: Kompendium Schimmel in Innenräumen. Stuttgart: Fraunhofer IRB Verlag, 2018

Die Autorin

Dr. Constanze Messal

- Diplom-Physikerin, Promotion in angewandter Physik und Biologie
- seit 1999 selbständig mit MICOR
- seit 2012 Fachbereichsleiterin Schimmelpilze beim Deutschen Holz- und Bautenschutzverband e.V.
- ö.b.u.v. Sachverständige für mikrobielle Materialzerstörung an Maschinen, Anlagen und technishcen Oberflächen der IHK Rostock

Nutzung von Drohnen zur Erfassung von Schäden an Gebäuden

Stephan Eich

Abstract: Fotodrohnen, im Fachbegriff UA(V) (unmanned aerial vehicle), sind allgemein durch ihren zivilen Einsatz im Hobby- und Freizeitbereich und zur gewerblichen Nutzung für Dienstleistungen bekannt.
Ferngesteuerte Drohnen sind als Multikopter mit der entsprechenden Steuerungstechnik in der Lage, sich einigermaßen flugstabil in der Luft zu halten. Die Fähigkeiten des Piloten sind dennoch gefordert und bedürfen eines ständigen Trainings. Mit Unterstützung der Steuerungstechnik durch GPS, Kompass und Autopilotrechner können diese unbemannten Flugsysteme im Sichtbereich des Piloten auch bedingt autonom fliegen.
Das heißt, es können ganz bestimmte Flugbereiche mit definierten Wegpunkten zuvor über ein auf Google Maps basierendes Programm eingelesen und vor Ort gezielt angeflogen werden.
An diese Wegepunkte kann man Funktionen anknüpfen, wie z. B. eine Fotoauslösung o. Ä.

Keywords: Drohne, Schäden an Gebäuden, Beweissicherung, UAS, UA, UAV, Missionsplanung, Fassadenscan, Fotogrammetrie, Orthobilder, Vermessung, IR, Thermografie, Auswertung, Einsatzbereiche, Pilot und Betrieb

1 Erlaubnis

Das autonome Fliegen der Drohne in vom Pilotenstandort aus nicht uneingeschränkt einsehbaren Bereichen ist strengstens verboten.
Der Aufstieg der Drohne zu gewerblichen Zwecken bedarf einer Aufstiegsgenehmigung.
Eine allgemeine Aufstiegsgenehmigung zu gewerblichen Zwecken wird seitens des zuständigen Regierungspräsidenten oder der zuständigen Luftfahrtbehörde für diesen Luftraum auf Basis eines entsprechenden Antrags erteilt.
Hierzu ist eine Erklärung abzugeben, dass die Datenschutzbestimmungen eingehalten werden.
Ebenso sind das fachliche und fliegerische Können des Piloten und eine ausreichende Haftpflicht nachzuweisen. Zu diesem Antrag müssen der Zweck und der Flugraum mit der Flughöhe der Drohne genau beschrieben und zur Örtlichkeit angegeben werden, damit hier im Einzelfall seitens der zuständigen Behörde geprüft werden kann. Der Zeitraum des Genehmigungsprozesses kann von einigen Stunden bis zu drei bis vier Tagen oder Wochen dauern.
Weil das Gewicht einer Fotodrohne für einen professionellen Einsatz, wie sie Sachverständige brauchen, häufig über 5 kg liegt, ist die Betriebserlaubnis gemäß § 21 a (b) LuftVO im Einzelfall anzuwenden.

Für den gewerblichen Einsatz von Drohnen unter 5 kg kann eine Aufstiegsgenehmigung für ein Jahr für das Zuständigkeitsgebiet der Genehmigungsbehörde beantragt werden. Es dürfen bei Drohneneinsätzen weder Menschenansammlungen, Bereiche außerhalb der Sichtweite, Katastrophengebiete, Unfallorte u. Ä. überflogen werden, zudem ist der Datenschutz einzuhalten. Hierzu können Einzelausnahmen gemäß § 21 b der LuftVO beantragt werden.

2 Einsatzbereiche

Für den Sachverständigen für Schäden an Gebäuden deckt dieses technische Werkzeug als Foto- bzw. Trägerplattform verschiedene Leistungsbereiche im Sachverständigenwesen ab. Die UAS-Drohnen unterschiedlicher Bautypen werden in der Regel zur Beweissicherung und zur Dokumentation eingesetzt. Durch die effektive sensorische Erfassung entsteht eine belastbare Grundlage für die sachverständige Auswertung. Die gewonnenen Daten dienen der einmaligen Inspektion im Schadensfall oder auch dem jährlichen Monitoring zum Instandhaltungsrückstau an Denkmälern, Kirchen oder Liegenschaften.

3 Foto und Infrarot (IR)

Die sensorische Erfassung ist mit Video möglich und dient der allgemeinen Übersicht. Die hochauflösenden Fotos dienen dem Sachverständigen in der Regel als Basis für seine Gutachten. Ein spezielles Thema ist die Nutzung von IR-Sensoren zur Thermografie.

Die bisher am Boden stationär aufgestellten Thermografiekameras lassen einen kleinen Einblick auf die Gebäudefassaden, ggf. auch auf das Dach zu.

Durch den Thermografieflug aus ungewöhnlicher Perspektive werden nicht nur die Fassade, sondern auch die Giebelwände, Dach, Dachterrassen, Balkone, Erker, Traufe und First genauer erfasst und können aus verschiedenen Blickwinkeln betrachtet werden. Damit wird eine ganzheitliche Inspektion und Auswertung im Hinblick der möglichen thermischen Fehlstellen wesentlich erleichtert.

Die Aussage der »Bilder« (Thermografiedaten) sind von einem Sachverständigen zu bewerten. Laien deuten die Falschfarben in der Regel nicht richtig.

Allgemein sollte bekannt sein, dass die Thermografie nur ein Hilfsmittel ist, um mögliche Schadenspunkte gezielt aufzufinden. Thermografiebilder sind kein direkter und auch kein belastbarer Nachweis für einen Schaden und auch kein Nachweis für Feuchte. Diese Messwerte geben den Hinweis auf thermische Fehlstellen, flächige und auch punktuelle Wärmeverluste am Gebäude, die den Sachverständigen von einer Bauteilöffnung zur Ursachenfindung meist nicht entbinden kann.

4 Einsatz an Fassaden

Nach Einschätzung des Autors kommt die Fotodrohne am häufigsten zur Schadenskartierung bei Fassadenschäden zum Einsatz.

Die vielen einzelnen hochauflösenden Detailfotos ermöglichen dem Sachverständigen nicht nur den Blick auf das Detail, sondern durch die Montage aller Fotos zu einer Fotofassade und durch die Kartierung auch eine ganzheitliche Betrachtung des Schadens.

Diese Kombination von Detail- und Fassadenfotos macht es möglich, die Rissbildungen, Ablösungen, Baufehler und weiteres im Zusammenhang zu erkennen. Werden Bühnen und Gerüste mit nur einer definierten Perspektive vom Podest zur Podestebene eingesetzt, ist dieser ganzheitliche Überblick nicht in dieser Qualität erreichbar.

Durch die ganzheitliche Betrachtung kann der Sachverständige anhand der verschiedenen Schadenstypen die Ursachen und Auswirkungen der festgestellten Schäden leichter erkennen und in seinem Gutachten darstellen.

Bild 1 Vertikaler-horizontaler Fassadenscan (Bildquelle: Missionsplanung SCHÄDEN AN GEBÄUDEN)

Mit der Fotodrohne werden Fotoserien an flachen Gebäuden, Mietshäusern, Hochhäusern, Kühltürmen, Solar- und Windkraftanlagen etc. zu vielen Zwecken im Sachverständigenwesen erstellt.

5 Tiefere Auswertung

Der Einsatz der Fotodrohne zu Vermessungsflügen, Fotogrammetrie bis hin zum 3D-Scannen sind Spezialgebiete, die von einem Bausachverständigen meist nur in Teamarbeit mit Fachsachverständigen und Vermessern zum beauftragten Zweck ausgewertet werden können.

Durch diese Vermessungen können z. B. das Georisiko im Gelände, städtebauliche Veränderungen auf das Klima durch die Bebauung o. Ä. ganzheitlich zum Bestand aufgenommen werden und für die weiteren Bewertungen im Rahmen eines Gutachtens eine Grundlage bilden.

6 Vorteil

Wie bereits beschrieben ist der Einsatz der Fotodrohne als technisches Hilfsmittel gegenüber Gerüsten oder mobilen Bühnen (wie bisher) nicht nur wegen der ganzheitlichen Erfassungsperspektiven, sondern auch aus rein wirtschaftlichen Gründen vorzuziehen.

Durch die Verwendung von mobilen Bühnen und Gerüsten sind neben der Miete auch die ggf. erforderliche Aufstellgenehmigung und die Beschädigung der Außenanlagen zu berechnen. Aufgrund dieser Gesamtkosten bietet sich in den meisten Fällen der schnelle und effektive Einsatz der Fotodrohne als technisches Werkzeug für den Sachverständigen an.

Wenn der Sachverständige die Befliegung ausführt, erstattet er das Gutachten bereits bei der Befliegung und erkennt durch sein Wissen die Ursachen anhand des Schadensbildes besser als ein Drohnen-Dienstleister.

7 Nachteil

Neben den Vorteilen sollten auch die Nachteile betrachtet werden. Neben dem Vorhalten einer angemessenen Haftpflichtversicherung für ca. 400 € im Jahr und ggf. für das eingesetzte hochwertige Material einer Vollkasko-Versicherung (ca. 2.000 €) sind die ständigen Wartungsarbeiten zum monatlichen Zeitaufwand nicht zu unterschätzen. Der Betrieb von Drohnen ist sehr aufwendig, und dieser Zeitfaktor und das zwingend notwendige Fachwissen und technische Geschick dürfen und sollten nicht unterschätzt werden.

8 Pilot und Betrieb

Das Fliegen in der Ebene ist einfach und lässt sich über die Missionssoftware oder im manuellen Flug einfach ausführen.

Bild 2 Fotogrammetrieflug am Hang (Bildquelle: Missionsplanung SCHÄDEN AN GEBÄUDEN)

Für Fassadenaufnahmen mit der Fotodrohne, die zur Königsklasse des Drohnenfliegens zählen, werden vom Piloten hohes Reaktionsvermögen, Geschick bei der Steuerung der Drohne und profundes Fachwissen gefordert.
Neben dem Fliegen in den teilweise heftigen thermischen Aufwinden vor den Fassaden und auch windbedingten Verwirbelungen am Gebäude, muss der Abstand zur Fassade für die Fotos möglichst exakt eingehalten werden.

Bild 3 Fassadenbefliegung in der Stadt Berlin im EDR-146 (Bildquelle: Missionsplanung SCHÄDEN AN GEBÄUDEN)

Erschwerend kommt beim Flug an der Fassade hinzu, dass das geostationäre Fliegen durch die GPS-Verschattung und -reflexion problematisch werden kann.
Man kann daher das Fliegen direkt vor der Fassade mit dem GPS unterstützten Fliegen in der freien Natur oder über den Gebäuden nicht vergleichen. Auch wenn mit einer Missionssoftware vor der Fassade geflogen wird, kann es zu Abstürzen kommen, wenn der Pilot bei GPS/GLONASS-Schwankungen nicht rechtzeitig mit Steuerbefehlen eingreift. Durch ungeplante Positionsänderungen, verursacht durch die Streuung und Verschattung der Satelliten, kann es zu einer falschen Verortung der Drohne kommen. Diese Ungenauigkeiten bei der sensorischen Erfassung fließen bei der Nachbereitung, z. B. bei orthografischen Fassadenfotos, ein und müssen bei der Aufbereitung der Daten dem Auswerter bekannt sein.
Das Flugverhalten der Drohne ändert sich im Auf- und Abwind vor der Fassade; dies muss ständig erkannt und manuell vom Piloten korrigiert werden.

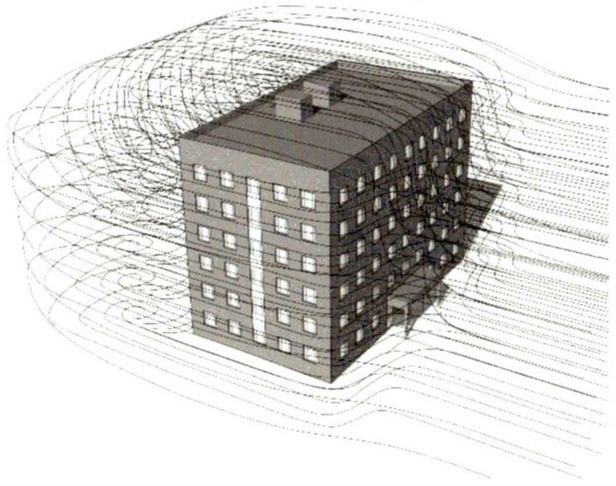

Bild 4 Verwirbelung am Gebäude (Bildquelle: Stephan Eich; aus: Dieckert/Eich: Drohnen – Technik und Recht bei gewerblicher und behördlicher Nutzung, 2018)

Daher benötigt der Pilot auch Wissen um Aerodynamik an Festkörpern (Gebäuden) und Meteorologie, um einen erfolgreichen Drohnenflug planen und ausführen zu können.

9 Schlusssatz

Die Fotodrohne als technisches Werkzeug für die ganzheitliche Erfassung von Schäden ist bereits heute und wird auch künftig für viele Sachverständige ein unabdingbares technisches Werkzeug sein.

Der »sachverständige« Pilot setzt die UAS-Drohne effektiv und sicher für die Beweisführung und Dokumentation und fachgerecht zum Zweck des Gutachtens oder für weitere Grundlagenermittlungen ein. Die Datenerfassung mit den unterschiedlichen Auswertungsmöglichkeiten optimiert die sachverständige Gebäudediagnostik.

10 Literaturreferenzen

- Eich, Stephan: UAV im Bauwesen, Drohnen in der Objektüberwachung. Drohnenmagazin (2018), Nr. 4, S. 16–19
- Eich, Stephan: UAV in der Inspektion, Schäden an Bauwerken. Drohnenmagazin (2019), Nr. 1, S. 14–17
- Eich, Stephan: Drohnen in der Sicherheit, Drohnenmagazin (2019), Nr. 3, S. 22–25
- Eich, Stephan: Unterstützung für Bauwirtschaft, Gutachten und Versicherer. In: Bundesministerium für Wirtschaft und Energie BMWi (Hrsg.): ... mit Drohnen. Unbemanntes Fliegen im Dienst von Mensch, Natur und Gesellschaft. Berlin: BMWi, Mai 2019 (S. 60/61); URL: https://www.bmwi.de/Redaktion/DE/Publikationen/Technologie/drohnen-unbemanntes-fliegen.pdf?__blob=publicationFile&v=14 [Stand: 02.09.2018]

11 Weiterführende Literatur

Dieckert, Ulrich; Eich, Stephan: (Hrsg.): Drohnen – Technik und Recht bei gewerblicher und behördlicher Nutzung. Köln/Stuttgart: Bundesanzeiger Verlag/Fraunhofer IRB Verlag, 2018

Autor

Dipl.-Ing. (FH) Stephan Eich
Freier Architekt (AKB), hauptberuflich seit 2000 **Sachverständiger für Schäden an Gebäuden.** Gründer und Inhaber des Sachverständigenunternehmens **SCHÄDEN AN GEBÄUDEN bundesweit mit 25 Sachverständigen**
Sedanstraße 2, 12167 Berlin
schaeden-an-gebaeuden.de
Telefon +49 30 88729255

- Ausbildung: Maurer/Stahlbetonfacharbeiter, Fachabitur, 4 Jahre Maurergeselle/Polier, Studium der Architektur
- Architekt bei BJSS und Professor J. Sawade
- seit 1995 Freier Architekt AKB Berlin
- seit 2000 Sachverständiger für SCHÄDEN AN GEBÄUDEN bundesweit
- DIN-Mitglied, Herausgeber eines Fachbuchs über Drohnen
- Hobbys: Modellbau, Modellflug, Segeln, Segelfliegen

Fensteraustausch ohne Schäden?

Schadensträchtige Details in der Planung und Bauausführung

Ingo Leuschner

Abstract: Bauelemente müssen unter extremen Randbedingungen jahrzehntelang ihre funktionalen und ästhetischen Aufgaben erfüllen. Die Auswahl der richtigen Fenster, die Analyse und Planung der Zusammenhänge bezüglich der Lüftung und die richtige handwerkliche Ausführung kritischer Details stellen die Weichen für ein problemloses Bauteilleben. Kleine Ursachen können aber bei ungünstigen Verkettungen von Umständen große Auswirkungen auf die Dauerhaftigkeit und Gebrauchstauglichkeit haben. Hier sollen wesentliche Beispiele von regelmäßig auftretenden Konstellationen behandelt werden.

Keywords: Fenster, Sanierung, Planung, Anschlussausbildung, Mängel, Tauwasser

1 Einleitung

Die meisten Fenster werden in Deutschland bei der Altbausanierung verbaut. Dabei sind die Verbesserungen bei Energieeffizienz, Sicherheit und Komfort ausschlaggebende Faktoren bei der Entscheidung für neue Fenster. Die Erfahrung aus vielen Gutachten und Baubegleitungen zeigt, dass zwischen den drei Grundsätzen zur Ausführung ein sehr fragiles Gleichgewicht besteht. Gemäß diesen Grundsätzen sollte eine Ausführung

- vertragsgerecht (Einhaltung und Gewährleistung der vereinbarten Beschaffenheit),
- fachgerecht (fach- und anforderungsgerechte technische Umsetzung) und
- kostengerecht (optimierter Material- und Arbeitsaufwand)

sein.

Die Veränderung der Außenwand und der Fenster im Rahmen einer Gebäudesanierung greift stets in das über lange Jahre eingespielte System aus Gebäude und Nutzer ein. Vielfach kommt es durch falsche Erwartungshaltungen, nicht passende Elemente oder Werkstoffe und fehlerhafte Ausführung zu erheblichen Mängeln oder Schäden, die den Sinn der gesamten Sanierungsmaßnahme infrage stellen können.

2 Halbe Sanierung = ganze Palette von Problemen

Speziell bei privaten Bauherren besteht der Wunsch, dass der Fensteraustausch ohne größere Beschädigungen und ohne umfangreiche zusätzliche Baumaßnahmen durchgeführt wird. Von manchen Werbekampagnen sind diesbezügliche Aussagen wie »Fenstertausch ohne Schmutz« bekannt, die diese Erwartungshaltung unterstützen.

Zur fach- und anforderungsgerechten technischen Umsetzung gibt es eine Reihe von Regelwerken, die auch baurechtlich eingeführt sind. Dazu zählen beispielsweise DIN 4108, DIN 4109, DIN 1946-6, DIN 18355 und die EnEV. Damit sind nahezu alle Anforderungen an die Montage der Bauelemente, an geplante Lüftungskonzepte etc. verbindlich vorgegeben. In der Praxis zeigt sich, dass diese Anforderungen bei Altbauten

- mit den damals verwendeten Baustoffen und Baukonstruktionen,
- mit den verbauten zusätzlichen Elementen wie Fensterbänken und Rollladenkästen,
- in der bestehenden Einbaulage in der Wand

ohne zusätzliche Baumaßnahmen so gut wie nie vollständig erfüllbar sind. Die Ausführung aller erforderlichen Maßnahmen zur Vermeidung von Wärmebrücken, zur Umsetzung eines Lüftungskonzepts usw. werden von vielen Bauherren nicht vollständig beauftragt. Damit bleibt die Sanierungsmaßnahme unvollständig und ist anfällig hinsichtlich Tauwasser- und Schimmelpilzproblemen; die Zusammenhänge sind in Bild 1 dargestellt.

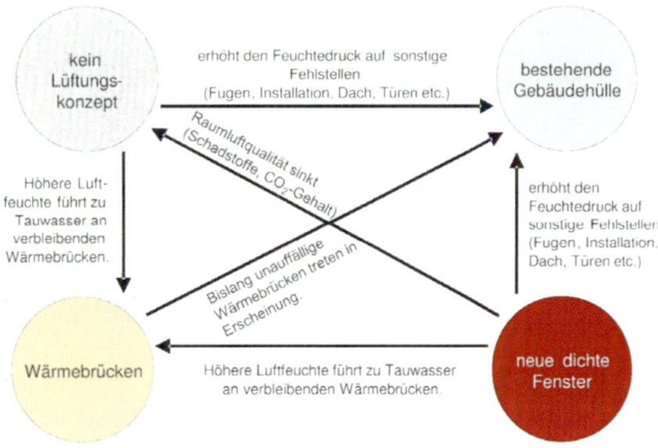

Bild 1 Einfluss neuer, dichter Fenster auf das sonst nicht sanierte Gebäude

Diese Zusammenhänge müssen bei der eingehenden Analyse des Gebäudes beachtet und bei einer seriösen Beratung des Bauherrn verdeutlicht werden. Dass häufig kein Planer bei der vermeintlich einfachen Fenstersanierung beteiligt ist, ist dabei natürlich nicht hilfreich und führt in der Praxis zu vielen fehlerhaften Umsetzungen. Das eigentliche Ziel für das Gebäude, deutliche Energieeinsparungen ohne Tauwasser und Schimmelpilzprobleme zu erreichen, ist nur mit einem umfassenden Sanierungskonzept möglich. Verschiedene Beispiele sind in der Folge zusammengestellt.

3 Typische Beispiele für schadensträchtige Konstellationen in Planung und Bauausführung

3.1 Fenster raus, Fenster rein – alles soll wie vorher sein

In einem Wohngebäude aus den 1980er-Jahren hat sich die Wohnungseigentümergemeinschaft für einen Fensteraustausch ausgesprochen (Bild 2). Dabei darf aus Kostengründen an den umgebenden Wänden und Bauteilen nichts verändert werden. Die neuen Kunststofffenster sitzen an der gleichen Stelle. Beim Ausbau der Fenster erkennt der Fachbetrieb eine Reihe von Punkten, die gegen einen einfachen Fenstertausch sprechen. Die sich in der Bausituation ergebenden Probleme stellen hier tatsächlich die »minimal-invasive« Sanierung infrage.

Bild 2 Reiner Fenstertausch: Anschlusssituation nach Ausbau des ersten Fensters

Diese Probleme sind:

- Rückwand des Rollladenkastens mit nur 20 mm Holzwolle-Leichtbauplatte ⇨ erhebliche Wärmebrücke,
- zusätzliche Dämmung aufgrund der geringen Wanddicke nicht möglich ⇨ erhebliche Wärmebrücke,
- Revisionsdeckel in Rollladeneinlaufprofil gesteckt und an Holzleiste geschraubt ⇨ seitlich dichte Anbindung nicht sinnvoll machbar,
- Außenblende bei Demontage der Fenster gelockert.

Fazit:

⇨ Es ist keine fachgerechte dichte Anbindung ohne zusätzliche Maßnahmen möglich.

Gerade bei der Altbausanierung ist der angrenzende Baukörper hinsichtlich vorhandener Wärmebrücken bei Fensteranschlüssen zu prüfen. Da Wärmebrücken oft erst bei der Demontage der alten Fenster entdeckt werden, ist auch noch in der Ausführungsphase auf solche Details zu achten. Bild 3 zeigt typische, wiederkehrende Problemfälle.

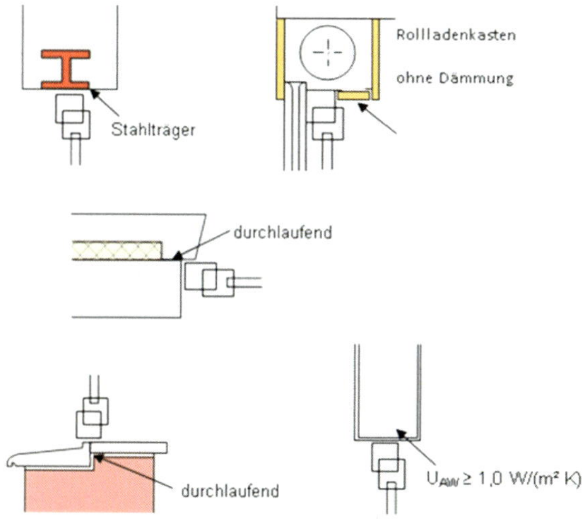

Bild 3 Kritische Bausituationen im Altbau mit Wärmebrücken und der Gefahr von Tauwasser- und Schimmelpilzbildung

Wärmetechnische Schwachstellen in der Außenwand können durch eine fachgerechte Montage von neuen, hochwärmedämmenden Fenstern nicht aufgefangen werden, sodass ggf. zusätzliche Maßnahmen am Baukörper erforderlich sind. Diese sind im Vorfeld mit dem Auftraggeber abzuklären (vgl. Hinweis- und Aufklärungspflicht nach VOB/B, §4). Als einfache Faustregel für die Beurteilung von Tauwasser- und Schimmelbildung im Laibungsbereich gilt, dass bei einem U-Wert der Außenwand (U_{AW}) größer 1,0 W/(m² K) die Laibung zu dämmen ist. Die relevante Kenngröße zum geforderten Mindestwärmeschutz ist der Temperaturfaktor f_{Rsi}, der an der ungünstigsten Stelle mindestens 0,70 sein muss.

Bild 4 Der ift-Montageplaner berechnet Temperaturverläufe, dimensioniert Befestigungsmittel und liefert Hinweise zur fachgerechten Verarbeitung.

Das komplexe Wissen ist mittlerweile auch für Baupraktikerinnen und Baupraktiker in Form von kostenlosen Online-Tools zur Anschlussplanung gut nutzbar. Tools wie der ift-Montageplaner (www.ift-rosenheim.de/ift-montageplaner) basieren auf dem Leitfaden zur Montage [1] und ermöglichen die Auswahl geeigneter und geprüfter Befestigungs- und Abdichtungssysteme sowie deren fachgerechte Verarbeitung (Bild 4).

3.2 Dicht ist Pflicht

Mittlerweile gibt es bei praktisch allen Bauschaffenden die Einsicht, dass die Vermeidung von Tauwasser in Fugen und die Verminderung von unkontrollierten Lüftungswärmeverlusten sich nur durch eine dichte Gebäudehülle erzielen lassen. Die unzähligen Anschlussdetails zeigen den meist unkritischen zweidimensionalen Schnitt eines Anschlusses in der Rahmenmitte. Die Praxis bringt dann mit der dritten Dimension die Konzepte rasch an ihre Grenzen.

Die Bilder 5 bis 7 zeigen typische improvisierte Lösungen, wie sie auch im Zeitalter der EnEV noch an vielen Sanierungsvorhaben anzutreffen sind. Vielfach sind die Dichtmaterialien zwar vorhanden, aber durch den nicht fachgerechten Einsatz (unzureichende Fugendimensionen, fehlende Haftflächen etc.) sind diese kaum auf Dauer funktionsfähig. Mittlerweile gibt es eine Vielzahl von Materialien und Zulieferprodukten, welche die Baukörperanschlussarbeiten erleichtern, aber im Detail Kenntnisse bei der Anwendung verlangen. Die Produkte sind dabei immer nur wirksam, wenn

- deren Anwendungsbereich eingehalten wird (z. B. maximale Gewichte, angrenzende Materialien, bestimmte Belastungen ...),
- die Verarbeitung fachgerecht erfolgt (z B. Umgebungsbedingungen, Schritte zur Vorbereitung, Ausführung von Details),
- die vorgegebene Pflege und Instandhaltung durchgeführt wird.

Diese Bedingungen werden von den Herstellern meist ausführlich und anschaulich in den Verarbeitungshinweisen dokumentiert. Abweichungen davon führen in der Regel dazu, dass die Funktion oder die Dauerhaftigkeit nicht mehr eindeutig bestätigt werden können.

Bild 5 Improvisierte Eckübergänge mit Dreiecksfugen

Bild 6 Flachleisten und eingedichteter Revisionsdeckel

Bild 7 Keine durchgängige raumseitige Abdichtung sowie eine massive Wärmebrücke durch die Steinfensterbank

3.3 »Das haben wir immer schon so gemacht« ist kein Argument

Regelmäßig fällt der Satz aus der Überschrift bei Streitigkeiten rund um die Ausführung von Konstruktionen. Hintergrund ist vielfach die Feststellung, dass sich veränderte Situationen bei Belastungen, gesetzlichen Vorgaben und der Erwartungshaltung des Bauherrn mit der »traditionellen« Ausführung nicht mehr überein bringen lassen. Der Blick in die Vergangenheit hilft kaum noch bei den geänderten bauphysikalischen Randbedingungen und Baukonstruktionen. So wird gerade das Erfordernis einer definierten Lüftung im Gebäude mit dem Argument »das haben wir bislang auch nicht gebraucht« abgeschmettert.

Obwohl die Lüftung eigentlich ein MUSS geworden sein sollte, werden unzählige Bauvorhaben nach wie vor ohne geplantes Lüftungskonzept ausgeführt. Der Einfluss neuer dichter Fenster auf das sonst nicht sanierte Gebäude ist in Bild 1 dargestellt. In der Praxis entstehen häufig neue Problembereiche für Tauwasser und Schimmelpilze, die Jahrzehnte im alten Gleichgewicht unauffällig geblieben sind.

In dem in Bild 8 und 9 dargestellten Fall wurden die historischen Holzfenster mit Dichtungen im Falz zwischen Flügel und Blendrahmen ausgestattet. Neben einer (unvollständigen) raumseitigen Abdichtung wurden die außenbündig montierten Fenster mit einem Isolierglas ausgestattet, die raumseitigen Laibungen mit einem ca. 2 cm dicken Dämmputz versehen. Für die Lüftung sind keine technischen Vorkehrungen getroffen worden, obwohl die Räume nun beheizt und als Wohnungen genutzt werden.

Für die Fenster und die Wand steigt schlagartig die Belastung durch die Raumluftfeuchte. Die Wärmebrücken an Rahmen und Baukörperanschlüssen wurden bei der Sanierung nur eingeschränkt beseitigt. In Form von Schimmelpilzen an der Laibung und starken Korrosionserscheinungen an den Metallteilen der Fenster sind schwerwiegende neue Mängel an der alten Bausubstanz aufgetreten.

Bild 8 Noch ungeklärter oberer Anschluss in der Bauphase

Bild 9 Schimmelpilze an der Laibung und rostende Beschläge nach zwei Wintern

Bei der Fenstersanierung müssen die Vorgaben der DIN 1946-6 bei der Instandsetzung oder Modernisierung eines bestehenden Gebäudes beachtet werden, wenn mehr als ein Drittel der Fenster ausgetauscht wird. Die Lüftungsgewohnheiten, die bisher eine bedarfsgerechte Lüftung sicherstellten, werden durch gesellschaftliche Entwicklungen (z. B. vermehrte Singlehaushalte und Berufstätigkeit aller Bewohner) abgelöst, sodass eine Fensterlüftung durch Fenster mit manuellen Öffnungsfunktionen kaum noch die Mindestlüftung sicherstellen kann. Nutzungsempfehlungen zum richtigen Lüften und die Diskussion über Anzahl und Dauer der Stoßlüftung haben sich in der Wohnpraxis nicht bewährt. Ein Lüftungskonzept kann daher nur mit dem Einsatz von nutzerunabhängigen technischen Lösungen gelingen.

4 Zusammenfassung

Eine Fenstersanierung hat stets Auswirkungen auf das Gebäude, aber auch auf den Nutzer. Hier gilt es zunächst die Sanierungsziele in ihrer Gesamtheit zu formulieren. Eine eingehende und seriöse Beratung durch Fachleute wäre dafür Pflicht. Schadensträchtige Details können eben nur durch Planung verhindert werden. Leider findet eine Vielzahl dieser Maßnahmen ohne fundierte Fachplanung statt.

Der Auswahl der richtigen Fenster, der Analyse und Planung der Zusammenhänge bezüglich Lüftung und Einbau sowie der richtigen handwerklichen Ausführung kritischer Details kommen große Wichtigkeit zu. Sanierungen nur nach dem Motto »aus Alt mach Neu« bergen die Gefahr, dass verschiedene neue Probleme auftauchen, deren Ursache vom Nutzer in Form des neuen Fensters gesehen wird. In Wirklichkeit liegt die Ursache meist in der unvollständigen Umsetzung eines – auch häufig nicht vorhandenen – Sanierungskonzepts.

Literaturhinweise

[1] Leitfaden zur Planung und Ausführung der Montage von Fenstern und Haustüren, RAL-Gütegemeinschaft Fenster und Haustüren e. V. oder Bundesinnungsverband des Glaserhandwerks, März 2014

[2] DIN 4108-2:2013-02 Wärmeschutz und Energie-Einsparung in Gebäuden – Teil 2: Mindestanforderungen an den Wärmeschutz

[3] DIN 4108-7:2011-01 Wärmeschutz und Energie-Einsparung in Gebäuden – Teil 7: Luftdichtheit von Gebäuden – Anforderungen, Planungs- und Ausführungsempfehlungen sowie -beispiele

[4] DIN 4108 Beiblatt 2:2019-06 Wärmeschutz und Energie-Einsparung in Gebäuden – Wärmebrücken – Planungs- und Ausführungsbeispiele Ausgabe

[5] DIN 4109-35/A1:2018-10 – Entwurf Schallschutz im Hochbau – Teil 35: Daten für die rechnerischen Nachweise des Schallschutzes (Bauteilkatalog) – Elemente, Fenster, Türen, Vorhangfassaden

[6] DIN 1946-6:2018-01 – Entwurf Raumlufttechnik – Teil 6: Lüftung von Wohnungen – Allgemeine Anforderungen, Anforderungen an die Auslegung, Ausführung, Inbetriebnahme und Übergabe sowie Instandhaltung
[7] EnEV 2016 Verordnung über energiesparenden Wärmeschutz und energiesparende Anlagentechnik bei Gebäuden (Energieeinsparverordnung – EnEV)
[8] DIN 1961:2016-09 VOB Vergabe- und Vertragsordnung für Bauleistungen – Teil B: Allgemeine Vertragsbedingungen für die Ausführung von Bauleistungen
[9] DIN 18355:2016-09 VOB Vergabe- und Vertragsordnung für Bauleistungen – Teil C: Allgemeine Technische Vertragsbedingungen für Bauleistungen (ATV) – Tischlerarbeiten

Der Autor

Dipl.-Ing. (FH) Ingo Leuschner

1984–1991 Realschule und FOS in Altötting
1991–1997 FH Rosenheim: Studium Holztechnik, Abschluss Dipl.-Ing. (FH)
1992–1993 Zivildienst
seit 1997 Mitarbeiter am ift Rosenheim:

- Technische Assistenz der Institutsleitung
- Sachverständigenzentrum
- Leitung von div. Forschungsprojekten (Holzfassaden, Beschlagtechnik, Verbundaufbauten, Oberflächentechnik)
- Schulungen, Seminare, Vorträge

2005–2010 Stellvertretender Leiter F&E
2010–2013 Unternehmensentwicklung, Innovationsmanagement
seit 2014 Leiter ift Sachverständigenzentrum
seit 2017 Geschäftsbereichsleiter Technik, Mitglied der Geschäftsleitung, Prokura

Schutz vor Radon in Gebäuden

Die Vorgaben des neuen Strahlenschutzrechts

Goli-Schabnam Akbarian

Das Recht zum Schutz vor der schädlichen Wirkung ionisierender Strahlung ist mit einem neuen Strahlenschutzgesetz und einer neuen Strahlenschutzverordnung umfassend aktualisiert und modernisiert worden. Am 31. Dezember 2018 ist das neue Recht vollständig in Kraft getreten. Anlass war die Pflicht zur Umsetzung der europäischen Richtlinie 2013/59/Euratom, die den bereits breiten Anwendungsbereich des Strahlenschutzrechts deutlich erweitert hat. Erstmals enthält das Strahlenschutzrecht Vorgaben zum Schutz vor Radon in Gebäuden. Das Recht unterscheidet zwischen Bestands- und Neubauten. Bei Bestandsbauten setzt der Gesetzgeber auf Freiwilligkeit, flankiert durch Information und Setzen von Anreizen. Eine Handlungspflicht gibt es dagegen bei der Errichtung von Neubauten. Bei der Errichtung in einem sogenannten Radonvorsorgegebiet sind weitergehende Anforderungen zu erfüllen. Ausgangspunkt für die Regelungen zu Radon in Aufenthaltsräumen ist ein Referenzwert von 300 Becquerel pro Kubikmeter. Der Referenzwert ist kein Grenzwert, sondern ein Wert, der zugrunde gelegt wird mit dem Ziel, die Exposition auf einen unter ihm liegenden Wert zu senken.

Keywords: Strahlenschutzrecht, Radon, Referenzwert

1 Einleitung

Seit dem 31. Dezember 2018 gibt es Regelungen zum Schutz vor Radon in Gebäuden. An diesem Tag sind das neue Strahlenschutzgesetz vom 27. Juni 2017[1] (StrlSchG) vollständig[2] und auch die neue Strahlenschutzverordnung (StrlSchV) vom 29. November 2018[3] in Kraft getreten.

Das Strahlenschutzgesetz und die neue Strahlenschutzverordnung haben die bis dahin geltende Strahlenschutzverordnung und Röntgenverordnung abgelöst. Diese beiden Verordnungen, die auf der Grundlage des Atomgesetzes erlassen wurden, enthielten den weitaus größten Teil der strahlenschutzrechtlichen Vorgaben zum Schutz von Arbeitskräften, Patienten und der Bevölkerung. Radon war Regelungsgegenstand nur in Bezug auf den Schutz von Arbeitskräften, an deren Arbeitsplatz Radon potenziell in erhöhter Konzentration auftrat[4]. Der Schutz der Allgemeinheit aufgrund von Radonvorkommen in Gebäuden wurde nicht geregelt. Das bisherige Strahlenschutzrecht konzentrierte sich vielmehr auf Sachverhalte, in denen ionisierende Strahlung bewusst und zielgerichtet zum Einsatz kam.

Anlass für die Erarbeitung des neuen Strahlenschutzgesetzes war die Pflicht zur Umsetzung der im Feb-

1 Artikel 1 des Gesetzes zur Neuordnung des Rechts zum Schutz vor der schädlichen Wirkung ionisierender Strahlung vom 27. Juni 2017, BGBl. I S. 1966.

2 Vor allem die Bestimmungen zu Notfallexpositionssituationen sind bereits am 1. Oktober 2017 in Kraft getreten.

3 Artikel 1 der Verordnung zur weiteren Modernisierung des Strahlenschutzrechts vom 29. November 2018, BGBl. I S. 2034.

4 Vgl. § 95 der bis zum 31.12.2018 geltenden Strahlenschutzverordnung vom 20. Juli 2001, BGBl. I S. 1714, ber. 2002 I S. 1459, zuletzt geändert durch Artikel 6 des Gesetzes zur Neuordnung der Verantwortung in der kerntechnischen Entsorgung vom 27. Januar 2017 (BGBl. I S. 114, ber. S. 1222 i.V.m. Bek. v. 16.6.2017, BGBl. I S. 1676).

ruar 2014 in Kraft getretenen europäischen Richtlinie 2013/59/Euratom[5]. Diese Richtlinie hat den bereits breiten Anwendungsbereich des Strahlenschutzrechts deutlich erweitert, vor allem durch die Unterscheidung zwischen geplanten und bestehenden Expositionssituationen sowie Notfallexpositionssituationen[6].

Neben dem klassischen Bereich der Tätigkeiten, zu denen zum Beispiel der Umgang mit radioaktiven Stoffen oder der Betrieb einer Röntgenanlage zählen, richtet die Richtlinie 2013/59/Euratom das Augenmerk verstärkt auf Expositionssituationen, in denen der Einsatz oder das Vorfinden von ionisierender Strahlung oder radioaktiver Stoffe nicht zielgerichtet oder bewusst geplant wird (dann liegt eine geplante Expositionssituation vor), sondern auf Expositionssituationen, in denen Strahlung vorgefunden wird, ohne dass dies geplant oder vorgesehen worden ist, und auf die aufgrund ihrer grundsätzlich nicht unerheblichen Dosis zu reagieren ist. Ist sofortiges Handeln erforderlich, kann eine Notfallexpositionssituation vorliegen, ansonsten eine bestehende Expositionssituation. Zu den bestehenden Expositionssituationen gehört das Vorkommen von Radon in Aufenthaltsräumen und an Arbeitsplätzen.

2 Was ist Radon?

Radon ist ein natürlich vorkommendes radioaktives Edelgas. Es entsteht im Boden als Folge des radioaktiven Zerfalls von natürlichem Uran und ist farb-, geruch- und geschmacklos. Radon hat verschiedene Isotope: Radon-219, Radon-220 und Radon-222. Für die Strahlenexposition des Menschen sind vor allem das Isotop Radon-222 und die aus ihm entstehenden weiteren radioaktiven Zerfallsprodukte von Bedeutung[7].

3 Woraus ergibt sich das Gesundheitsrisiko durch Radon?

Radon gelangt aus dem Boden, z. B. durch Risse in der Bodenplatte, in Gebäude und kann sich dort anreichern. Radon und seine Zerfallsprodukte gelangen über die Atemluft in den Atemtrakt. Radon selbst wird zwar größtenteils wieder ausgeatmet. Allerdings lagern sich seine kurzlebigen Zerfallsprodukte im Atemtrakt an und zerfallen dort[8]. Mit zunehmender Konzentration nimmt das Risiko zu, an Lungenkrebs zu erkranken. Die Exposition durch Radon wird in der Wissenschaft nach dem Tabakrauchen als zweitwichtigster Risikofaktor für Lungenkrebs angesehen[9].

4 Was war Anlass für die Erarbeitung von Vorschriften zum Schutz vor Radon?

Wie einleitend erwähnt regelt die Richtlinie 2013/59/Euratom nicht nur Situationen, in denen ionisierende Strahlung planmäßig und zweckgerichtet eingesetzt wird. Sie folgt dem auf der Empfehlung 103 der Internationalen Strahlenschutzkommission (ICRP) auf Expositionssituationen beruhenden Konzept, wonach zwischen geplanten, bestehenden und Notfall-Expositionssituationen unterschieden wird, mit dem Ziel, alle Expositionssituationen und alle Expositionskategorien (berufliche Exposition medizinische Exposition und Exposition der Bevölkerung) abzudecken[10].

Die Exposition durch Radon in Aufenthaltsräumen und an Arbeitsplätzen wird auch in der ICRP-Empfehlung 103 thematisiert und konsequenterweise von der Richtlinie 2013/59/Euratom aufgegriffen. Damit

5 Richtlinie 2013/59/Euratom des Rates vom 5. Dezember 2013 zur Festlegung grundlegender Sicherheitsnormen für den Schutz vor den Gefahren einer Exposition gegenüber ionisierender Strahlung und zur Aufhebung der Richtlinien 89/618/Euratom, 90/641/Euratom, 96/29/Euratom, 97/43/Euratom und 2003/122/Euratom (ABl. L 13 vom 17.1.2014, S. 1).

6 Die Richtlinie folgt damit der Empfehlung 103 der Internationalen Strahlenschutzkommission (ICRP-Veröffentlichung 103, Deutsche Ausgabe, urn:nbn:de; 0221-2009082154). URL: http://www.icrp.org/docs/P103_German.pdf [Stand: 06.08.2019]

7 Vgl. weitere Ausführungen im Radon-Handbuch Deutschland, Herausgeber: Bundesamt für Strahlenschutz, S. 6 ff. URL: http://www.bfs.de/SharedDocs/Downloads/BfS/DE/broschueren/ion/radon-handbuch.html [Stand: 06.08.2019]. Siehe auch die Definition von Radon sowohl in der Richtlinie 2013/59/Euratom (dort Artikel 4 Nummer 82) als auch im Strahlenschutzgesetz (§ 5 Absatz 28).

8 Vgl. Radon-Handbuch Deutschland, Herausgeber: Bundesamt für Strahlenschutz, S. 7. URL: http://www.bfs.de/SharedDocs/Downloads/BfS/DE/broschueren/ion/radon-handbuch.html [Stand: 06.08.2019]

9 Vgl. Radon-Handbuch Deutschland, Herausgeber: Bundesamt für Strahlenschutz, S. 8. URL: http://www.bfs.de/SharedDocs/Downloads/BfS/DE/broschueren/ion/radon-handbuch.html [Stand: 06.08.2019]

10 Vgl. Erwägungsgrund (7) der Richtlinie 2013/59/Euratom.

werden erstmals auch auf europäischer Ebene verbindliche Anforderungen zum Schutz vor Radon festgelegt[11].

5 Zum weiten Anwendungsbereich des Strahlenschutzrechts

Das Thema Radon verdeutlicht den weiten Anwendungsbereich des Strahlenschutzrechts. Es umfasst, neben den klassischen Tätigkeiten – wie dem Betrieb einer Röntgeneinrichtung, dem Umgang mit oder der Beförderung von radioaktiven Stoffen – auch die Bewältigung radiologischer Altlasten, die Prüfung von Radioaktivität in Baustoffen, den Schutz des fliegenden Personals oder den Schutz von Personen bei der Anwendung radioaktiver Stoffe oder ionisierender Strahlung, zum Beispiel in der medizinischen Forschung oder zur Früherkennung von Krankheiten.

6 Auftrag zur Modernisierung

Auch die Partner des Koalitionsvertrags sowohl der 18. als auch der 19. Legislaturperiode haben die Notwendigkeit gesehen, das Strahlenschutzrecht auf neue Füße zu stellen. Der Koalitionsvertrag für die 18. Legislaturperiode enthält den Auftrag, dass das Strahlenschutzrecht modernisiert werden soll und der radiologische Notfallschutz zur Bewältigung von Katastrophen in kerntechnischen Anlagen auf Grundlage der Erfahrungen von Fukushima konzeptionell angepasst wird[12]. Dieser Auftrag ist mit dem Strahlenschutzgesetz erfüllt worden. Mit dem Strahlenschutzgesetz waren die Arbeiten an der Erneuerung des Strahlenschutzrechts aber noch nicht abgeschlossen. Strahlenschutzrecht ist ein fachlich sehr geprägtes Rechtsgebiet, das einer Reihe von konkretisierenden Vorgaben bedarf, um die Vollzugsfähigkeit sicherzustellen. Aus diesem Grund enthält der Koalitionsvertrag für die laufende 19. Legislaturperiode den Auftrag, zur Verbesserung des Schutzes der Gesundheit vor ionisierender Strahlung das Strahlenschutzgesetz auf Verordnungsebene zu konkretisieren[13]. Auch dieser Auftrag ist mit der neuen Strahlenschutzverordnung erfüllt worden. Wie eingangs erwähnt, ist das neue Recht, soweit es nicht bereits in Kraft gewesen ist, am 31. Dezember 2018 in Kraft getreten. Zur gleichen Zeit sind die bisherige Strahlenschutzverordnung und die Röntgenverordnung außer Kraft getreten[14].

7 Welche Vorgaben enthält das Strahlenschutzrecht zum Schutz vor Radon?

Das Strahlenschutzgesetz und die das Gesetz konkretisierende Strahlenschutzverordnung enthalten die folgenden Bestimmungen zum Schutz vor Radon in Gebäuden[15]:

- Festlegung eines Referenzwerts von 300 Becquerel pro Kubikmeter,
- Festlegung von sogenannten Radonvorsorgegebieten,
- Schutzmaßnahmen bei der Errichtung von Neubauten,
- Unterrichtung der Bevölkerung und Anregung von Maßnahmen zur Reduzierung der Radonkonzentration,
- Erstellung eines Radonmaßnahmenplans.

7.1 Referenzwert

Ausgangspunkt für die Regelungen zum Schutz vor Radon in Aufenthaltsräumen ist der in § 124 Satz 1 StrlSchG festgelegte Referenzwert. Danach beträgt der »Referenzwert für die über das Jahr gemittelte Radon-222-Aktivitätskonzentration in der Luft in

11 Zuvor gab es auf europäischer Ebene nur die nicht verbindliche Empfehlung 90/143/Euratom der Kommission zum 21. Februar 1990 zum Schutz der Bevölkerung vor Radonexposition innerhalb von Gebäuden (ABl. L 80 vom 27.3.1990, S. 26).

12 Deutschlands Zukunft gestalten, Koalitionsvertrag zwischen CDU, CSU und SPD, 18. Legislaturperiode, S. 43. URL: https://www.cdu.de/sites/default/files/media/dokumente/koalitionsvertrag.pdf [Stand: 06.08.2019]

13 Ein neuer Aufbruch für Europa / Eine neue Dynamik für Deutschland / Ein neuer Zusammenhalt für unser Land, Koalitionsvertrag zwischen CDU, CSU und SPD, 19. Legislaturperiode, S. 140. URL: https://www.cdu.de/system/tdf/media/dokumente/koalitionsvertrag_2018.pdf?file=1 [Stand: 06.08.2019]

14 Die neue Strahlenschutzverordnung enthält auch Bestimmungen, die bisher in der Röntgenverordnung enthalten waren.

15 Im Folgenden werden die Bestimmungen skizziert, die den Schutz vor Radon in Gebäuden betreffen. Die Regelungen zum Schutz vor Radon am Arbeitsplatz werden an dieser Stelle nicht näher betrachtet.

Aufenthaltsräumen (...) 300 Becquerel je Kubikmeter«[16]. Damit wird die entsprechende Vorgabe nach Artikel 74 Absatz 1 der Richtlinie 2013/59/Euratom umgesetzt.

7.2 Bedeutung eines Referenzwerts

Ein Referenzwert ist kein Grenzwert. Ein Grenzwert ist ein Wert für eine Person, der nicht überschritten werden darf[17]. Er dient der Umsetzung des Strahlenschutzgrundsatzes der Dosisbegrenzung, der in geplanten Expositionssituationen – also in den Fällen, in denen Strahlung bewusst und zielgerichtet angewendet wird – zum Tragen kommt.

Ein Referenzwert ist nach der Definition des § 5 Absatz 29 Satz 1 StrlSchG dagegen »In bestehenden Expositionssituationen oder Notfallexpositionssituationen ein festgelegter Wert, der als Maßstab für die Prüfung der Angemessenheit von Maßnahmen dient«[18]. Die Heranziehung eines Referenzwerts – und nicht eines Grenzwerts – in Bezug auf Radon als bestehende Expositionssituation ist sachgerecht. Anders als geplante Expositionssituationen, in denen aufgrund einer Tätigkeit bewusst eine Exposition verursacht wird und die Dosis, die erhalten werden kann, im Voraus berechenbar ist, zeichnet sich eine bestehende Expositionssituation – wie im Übrigen auch eine Notfallexpositionssituation – dadurch aus, dass eine Exposition vorgefunden wird, die bewältigt werden muss. Diese ist nicht in gleichem Maße steuerbar wie eine geplante Expositionssituation. Dies zeigt sich deutlich am Beispiel Radon, das in sehr unterschiedlichen Konzentrationen im Boden vorkommen kann. Aus diesem Grund haben die Richtlinie 2013/59/Euratom und in Umsetzung derselben das Strahlenschutzgesetz das Instrument des Referenzwerts für bestehende und Notfallexpositionssituationen eingeführt. Er ist ein Instrument des Optimierungsgrundsatzes, wonach Expositionen so niedrig wie vernünftigerweise erreichbar gehalten werden sollen. Wie in der Definition in § 5 Absatz 29 Satz 1 StrlSchG zum Ausdruck kommend wird dies mit dem Referenzwert dadurch umgesetzt, dass er Aufhänger für die Prüfung der Ergreifung von Maßnahmen ist mit dem Ziel, die Exposition auf einen unter ihm liegenden Wert zu senken. Im Mängelgewährleistungsrecht bei Kauf- oder Mietverträgen kann die Überschreitung des gesetzlich festgelegten Referenzwerts als ein mögliches Indiz für das Vorliegen eines Mangels herangezogen werden.

Für das Verständnis des Referenzwerts ist auch die in der Empfehlung 103 der Internationalen Strahlenschutzkommission (ICRP)[19] in Ziffer 228 enthaltene Feststellung bedeutsam:

> *»The chosen value for a (...) reference level will depend upon the circumstances of the exposure under consideration. It must also be realised that neither (...) nor reference levels represent a demarcation between 'safe' and 'dangerous' or reflect a step change in the associated health risk for individuals.«*

Im Strahlenschutzrecht spielt bei der Festlegung von Radonvorsorgegebieten der für Radon festgelegte Referenzwert eine Rolle. Außerdem regen das Bundesumweltministerium und die zuständigen Landesbehörden an, Aufenthaltsräume zu ermitteln, in denen der Referenzwert überschritten wird und empfehlen technische oder andere Mittel zur Verringerung der Radon-Exposition (§ 125 Absatz 2 StrlSchG).

7.3 Festlegung von Radonvorsorgegebieten

7.3.1 Rechtsrahmen

§ 121 Absatz 1 StrlSchG verpflichtet die zuständige Behörde, »durch Allgemeinverfügung innerhalb von zwei Jahren nach Inkrafttreten einer Rechtsverordnung nach Absatz 2 die Gebiete fest[zulegen], für die erwartet wird, dass die über das Jahr gemittelte Radon-222-Aktivitätskonzentration in der Luft in einer beträchtlichen Zahl von Gebäuden mit Aufenthaltsräumen oder Arbeitsplätzen den Referenzwert nach § 124 oder § 126 überschreitet« (Radonvorsorgegebiete).

Auf der Grundlage der Verordnungsermächtigung nach § 121 Absatz 2 StrlSchG legt die Bundesregierung auf Verordnungsebene mit Zustimmung des Bundesrates fest, »unter welchen Umständen die zuständige Behörde davon ausgehen kann, dass in einem Gebiet in einer beträchtlichen Anzahl von Gebäuden mit Aufenthaltsräumen oder Arbeitsplätzen

16 Der gleiche Wert gilt nach § 126 StrlSchG für die über das Jahr gemittelte Radon-222-Aktivitätskonzentration in der Luft an Arbeitsplätzen. Der Referenzwert für Radon am Arbeitsplatz ist Grundlage für die in den §§ 127 bis 132 StrlSchG enthaltenen Regelungen zu Radon am Arbeitsplatz und für die Festlegung von Radonvorsorgegebieten nach § 121 StrlSchG.

17 Vgl. auch die Definition von »Dosisgrenzwert« nach Artikel 4 Nummer 23 der Richtlinie 2013/59/Euratom.

18 Siehe auch die Definition in Artikel 4 Nummer 84 der Richtlinie 2013/59/Euratom.

19 URL der englischen Fassung: http://www.icrp.org/publication.asp?id=ICRP%20Publication%20103 [Stand: 06.08.2019]

die Referenzwerte nach § 124 oder § 126 überschritten werden und welche Verfahren und Kriterien für die Festlegung der Gebiete heranzuziehen sind«.

Die entsprechende Regelung findet sich in § 153 StrlSchV, die am 31.12.2018 in Kraft getreten ist. Folglich sind Radonvorsorgegebiete bis zum 31.12.2020 auszuweisen.

§ 153 StrlSchV beschreibt das Verfahren, das die zuständige Behörde bei der Ermittlung der Radonvorsorgegebiete anzuwenden hat. Es handelt sich um ein wissenschaftlich basiertes Vorgehen, das »unter Zugrundelegung geeigneter Daten Vorhersagen hinsichtlich der Überschreitung des Referenzwerts (...) ermöglicht«. Nach § 153 Absatz 2 StrlSchV kann die zuständige Behörde von einer Überschreitung ausgehen, wenn sie unter Zugrundelegung der herangezogenen Daten für mindestens 75 % des jeweils auszuweisenden Gebiets festgestellt hat, dass der Referenzwert voraussichtlich in mindestens zehn Prozent der Anzahl der Gebäude überschritten wird[20].

7.3.2 Besondere Vorgaben in Radonvorsorgegebieten

In Radonvorsorgegebieten gelten besondere Vorgaben zum Radonschutz bei der Errichtung von Neubauten. Die in § 123 Absatz 2 StrlSchG enthaltene Verordnungsermächtigung ist durch § 154 StrlSchV ausgefüllt worden (siehe unten)[21].

7.4 Vorgaben zum Radonschutz in Gebäuden

Der Pflicht zur Umsetzung der in der Richtlinie 2013/59/Euratom enthaltenen Vorgaben nachkommend enthält das Strahlenschutzgesetz Vorgaben zum Radonschutz in Gebäuden. Entsprechend den Richtlinienbestimmungen unterscheidet das Strahlenschutzgesetz allerdings zwischen Neu- und Bestandsbauten.

7.4.1 Radonschutz in Bestandsbauten

Sowohl die Richtlinie 2013/59/Euratom als auch das Strahlenschutzgesetz verpflichten weder Eigentümer noch Bewohner von Bestandsbauten, Maßnahmen zu ergreifen, um das Eindringen von Radon zu unterbinden.

Vielmehr setzen sowohl das europäische als auch das deutsche Recht – auch vor dem Hintergrund, dass eine Sanierungspflicht mit einem unverhältnismäßigen Aufwand verbunden sein könnte – auf Freiwilligkeit, flankiert von Information und Setzen von Anreizen.

Appellierend an die Eigenverantwortung des Bauherrn enthält § 123 Absatz 4 StrlSchG deshalb eine Soll-Vorschrift. Danach soll, »[w]er im Rahmen der baulichen Veränderung eines Gebäudes mit Aufenthaltsräumen oder Arbeitsplätzen Maßnahmen durchführt, die zu einer erheblichen Verminderung der Luftwechselrate führen, (...) die Durchführung von Maßnahmen zum Schutz vor Radon in Betracht ziehen, soweit diese Maßnahmen erforderlich und zumutbar sind«.

Weiterhin sieht § 125 StrlSchG vor, dass sowohl das Bundesumweltministerium als auch die zuständigen Landesbehörden »die Bevölkerung in geeigneter Weise über die Exposition durch Radon in Aufenthaltsräumen und die damit verbundenen Gesundheitsrisiken, über die Wichtigkeit von Radonmessungen und über die technischen Möglichkeiten, die zur Verringerung vorhandener Radon-222-Aktivitätskonzentrationen verfügbar sind«, unterrichten.

Außerdem regen diese Behörden »Maßnahmen zur Ermittlung von Aufenthaltsräumen an, in denen die über das Jahr gemittelte Radon-222-Aktivitätskonzentration« überschritten wird »und empfehlen technische oder andere Mittel zur Verringerung der Radonexposition«.

Radonschutz in Bestandsbauten wird auch im Radonmaßnahmenplan thematisiert. Der Radonmaßnahmenplan, den das Bundesumweltministerium gemäß § 122 Absatz 1 StrlSchG erarbeitet hat, enthält keine

20 Vgl. zum Hintergrund des 10-Prozent-Kriteriums die Begründung zu § 153 Absatz 2 in BR-Drs. 423/18, S. 460. Der Referentenentwurf sah vor, dass die Feststellung sich auf mindestens 50 % des auszuweisenden Gebietes erstreckte. Die Länder haben im Bundesratsverfahren jedoch beschlossen, dass die Feststellung sich auf mindestens 75 % des auszuweisenden Gebiets erstrecken müsse, vgl. die Begründung hierzu in BR-Drs. 423/18 (Beschluss), Anlage, Punkt 37.

21 Des Weiteren ist in diesen Gebieten an allen Arbeitsplätzen im Erd- oder Kellergeschoss eines Gebäudes die Radonkonzentration zu messen; die entsprechende Vorgabe in § 127 Absatz 1 Satz 1 Nummer 1 StrlSchG dient der Umsetzung des Artikels 54 Absatz 2 Buchstabe a) der Richtlinie 2013/59/Euratom.

rechtlichen Vorgaben, sondern er erläutert die Maßnahmen zum Schutz vor Radon nach dem Strahlenschutzgesetz und enthält Ziele für die Bewältigung der langfristigen Risiken einer Exposition durch Radon. Die dort aufgeführten Maßnahmen 4.1 und 4.2 beziehen sich auf die Reduktion von Radon in Bestandsbauten.

7.4.2 Radonschutz in Neubauten

Das Strahlenschutzgesetz sieht in § 123 Absatz 1 Satz 1 vor, dass, »[w]er ein Gebäude mit Aufenthaltsräumen oder Arbeitsplätzen errichtet, (...) geeignete Maßnahmen zu treffen [hat], um den Zugang von Radon aus dem Baugrund zu verhindern oder erheblich zu erschweren«. Nach Satz 2 gilt diese Pflicht als erfüllt, wenn 1. die nach den allgemein anerkannten Regeln der Technik erforderlichen Maßnahmen zum Feuchteschutz und 2. in Radonvorsorgegebieten zusätzlich die Maßnahmen eingehalten werden, die in der StrlSchV vorgesehen sind.

Bei der Errichtung von Neubauten besteht also eine Handlungspflicht. Diese besteht bundesweit unabhängig davon, ob ein Neubau in einem Radonvorsorgegebiet errichtet wird. Diese Bestimmung setzt die Vorgabe von Artikel 103 Absatz 2 Satz 1 der Richtlinie 2013/59/Euratom um, wonach die Mitgliedstaaten dafür sorgen müssen, dass geeignete bauliche Maßnahmen getroffen werden, um bei neuen Gebäuden einen Radonzutritt zu verhindern.

Die Richtlinie macht die Pflicht, Maßnahmen zu treffen, nicht von einer vorherigen Messung abhängig. Eine Messpflicht ist deshalb nicht vorgesehen. Entscheidend ist, dass geeignete Maßnahmen getroffen werden.

Das Strahlenschutzgesetz geht davon aus, dass geeignete Maßnahmen getroffen worden sind, wenn entsprechend § 123 Absatz 1 Satz 2 StrlSchG vorgegangen wurde. Dann gilt die Pflicht als erfüllt. Diese Fiktionswirkung bietet dem Bauherrn einen verlässlichen Weg zur Erfüllung seiner Pflicht[22].

In Radonvorsorgegebieten ist darüber hinaus mindestens eine der Maßnahmen durchzuführen, die in § 154 StrlSchV aufgelistet werden:

»1. Verringerung der Radon-222-Aktivitätskonzentration unter dem Gebäude,
2. gezielte Beeinflussung der Luftdruckdifferenz zwischen Gebäudeinnerem und Bodenluft an der Außenseite von Wänden und Böden mit Erdkontakt, sofern der diffusive Radoneintritt aufgrund des Standorts oder der Konstruktion begrenzt ist,
3. Begrenzung der Rissbildung in Wänden und Böden mit Erdkontakt und Auswahl diffusionshemmender Betonsorten mit der erforderlichen Dicke der Bauteile,
4. Absaugung von Radon an Randfugen oder unter Abdichtungen,
5. Einsatz diffusionshemmender, konvektionsdicht verarbeiteter Materialien oder Konstruktionen«[23].

Es steht dem Bauherrn aber auch frei, die Pflicht des § 123 Absatz 1 Satz 1 StrlSchG durch andere Maßnahmen zu erfüllen. In diesem Fall, in dem die Fiktionswirkung nicht greift, muss sichergestellt werden, dass diese Maßnahmen geeignet sind, den Zutritt von Radon aus dem Baugrund zu verhindern oder erheblich zu erschweren.

Derzeit ist beim Deutschen Institut für Normung (DIN) die DIN SPEC 18117 Bauliche und lüftungstechnische Maßnahmen zum Radonschutz[24] in Vorbereitung, die nach dem Verfahren einer sogenannten Vornorm erarbeitet wird und dem Bauherrn Hilfestellung bei der Erfüllung dieser Pflicht geben soll.

7.5 Radonmaßnahmenplan

Am 24. April 2019 hat das Bundesumweltministerium, gemäß dem gesetzlichen Auftrag in § 122 Absatz 1 und 2 StrlSchG, den Radonmaßnahmenplan, den es unter Beteiligung der Länder erarbeitet hat, veröffentlicht. Der Radonmaßnahmenplan ist, wie erwähnt, kein rechtsverbindliches Dokument, sondern ein Strategiepapier. Gemäß § 122 Absatz 1 Satz 3 StrlSchG »erläutert [er] die Maßnahmen nach diesem Gesetz und enthält Ziele für die Bewältigung der langfristigen Risiken der Exposition durch Radon in Aufenthaltsräumen und an Arbeitsplätzen in Innenräumen hinsichtlich sämtlicher Quellen, aus denen Radon zutritt, sei es aus dem Boden, aus Bauprodukten oder aus dem Wasser«. Der Radonmaßnahmenplan wird mindestens alle zehn Jahre aktualisiert (vgl. § 122 Absatz 3 StrlSchG).

22 Siehe auch die Ausführungen in der Gesetzesbegründung zu § 123 Absatz 1 in BT-Drs. 18/11241, S. 377.

23 Zu den Maßnahmen im Einzelnen siehe die Begründung zu § 154 StrlSchV, BR-Drs. 423/18, S. 461.

24 DIN SPEC 18117 Bauliche und lüftungstechnische Maßnahmen zum Radonschutz [Beginn: 2017_04_06; Projektnummer: 00518027].

Der Radonmaßnahmenplan behandelt die folgenden Themenbereiche:

- Öffentlichkeitsarbeit,
- Erhebung des Radonvorkommens sowie die Ausweisung von Radonvorsorgebieten,
- Maßnahmen für Neubauten,
- Maßnahmen für Bestandsbauten,
- Radon an Arbeitsplätzen,
- Forschung zu Radon und zu den damit verbundenen Schutzmaßnahmen sowie
- Evaluation der getroffenen Maßnahmen.

Für jeden Themenbereich werden einzelne Maßnahmen identifiziert, die innerhalb eines – ebenfalls im Radonmaßnahmenplan – vorgesehenen Zeitrahmens ergriffen werden sollen.

Die Evaluation der Maßnahmen spielt eine maßgebliche Rolle aufgrund der in § 124 StrlSchG vorgesehenen Pflicht des Bundesumweltministeriums, spätestens zehn Jahre nach Inkrafttreten des Strahlenschutzgesetzes, also spätestens Ende 2028, einen »Bericht über die Entwicklung der Schutzmaßnahmen für die Allgemeinbevölkerung gegenüber Radonexpositionen, über deren Wirksamkeit und Kosten auf Bundes- und Landesebene« vorzulegen.

§ 122 Absatz 4 StrlSchG sieht schließlich vor, dass die zuständige Behörde für ihren Zuständigkeitsbereich an die jeweiligen Bedingungen angepasste Strategien zum Umgang mit Radon unter Berücksichtigung des Radonmaßnahmenplans entwickelt. Damit wird dem Umstand Rechnung getragen, dass das Radonvorkommen in den einzelnen Bundesländern teilweise sehr unterschiedlich ist und die Herangehensweisen entsprechend differieren.

8 Schlussbemerkung

Diese Abhandlung bietet einen Überblick über die Regelungen des neuen Strahlenschutzrechts zum Schutz vor Radon mit Relevanz für den Baubereich. Der Schutz vor der schädlichen Wirkung ionisierender Strahlung wird im Baubereich verstärkt ins Bewusstsein rücken – insbesondere aufgrund der Anforderungen an die Errichtung von Neubauten zum Schutz vor Radon. Angesichts der Neuerungen ist damit zu rechnen, dass sich in der Anwendungspraxis eine Reihe von praktischen Fragen stellen werden. Auch deshalb ist zu hoffen, dass die DIN SPEC 18117 bald erarbeitet sein wird.

Die Autorin

Dr. Goli-Schabnam Akbarian ist Leiterin des Referats »Strahlenschutzrecht – ionisierende Strahlung« im Bundesumweltministerium. Dieser Artikel gibt die persönlichen Auffassungen der Autorin wieder.

Dr. Goli-Schabnam Akbarian

- Studium der Rechtswissenschaften; Rechtsreferendariat; Promotion
- 1998–2001 Rechtsanwältin
- 2001–2008 Tätigkeit im Bundesinstitut für Arzneimittel und Medizinprodukte
- seit 2008 Tätigkeit im Bundesministerium für Umwelt, Naturschutz und nukleare Sicherheit im Referat »Strahlenschutzrecht; ionisierende Strahlung«
- seit Ende 2016 Leitung des Referats »Strahlenschutzrecht; ionisierende Strahlung«

(Allgemein) anerkannte Regeln der Technik und mangelhafte Bauleistung

von Vizepräsident des Landgerichts Dr. iur. Mark Seibel, Siegen/Wenden ©

Inhaltsübersicht

I. (Allgemein) anerkannte Regeln der Technik und mangelhafte Bauleistung

1. Einleitung

Die folgenden Ausführungen behandeln eine der grundlegendsten – zeitlos aktuellen – Fragen des privaten Baurechts: *Wann ist eine Bauleistung mangelhaft?*

Dass diese Problematik insbesondere im privaten Bauprozess eine wichtige Rolle spielt, braucht nicht näher erläutert zu werden. Der Referent kann aus eigener Erfahrung bestätigen, dass bei der Beantwortung dieser Frage vielfach große Unsicherheiten bei allen Beteiligten bestehen – seien es Richter, Rechtsanwälte, Vertreter von Bauunternehmen oder Bauherren. Dies hängt vor allem damit zusammen, dass eine bauvertragliche Leistung ihrer Natur nach technischen Charakter hat. Das ist auch der Grund dafür, warum in diesem Zusammenhang technische Standards und technische Normen (DIN-Normen etc.) relevant werden. Der Rechtscharakter und die Wirkungsweise solcher technischen Regeln werden jedoch häufig missverstanden.[1]

1 Siehe zu technischen Standards und technischen Normen auch folgende Veröffentlichungen des Referenten: *Seibel*, Der Stand der Technik im Umweltrecht (Diss., Hamburg 2003); *Seibel*, Baumängel und anerkannte Regeln der Technik (München 2009), Rdnr. 10 ff.; *Seibel*, in: *Nicklisch/Weick/Jansen/Seibel*, Kommentar zur VOB/B (5. Aufl., München 2019), § 13 Rdnr. 29 ff.; *Seibel*, in: *Staudt/Seibel*, Handbuch für den Bausachverständigen (4. Aufl., Köln/Stuttgart 2018), 3. Kap. (S. 45 ff.), 10. Kap. (S. 177 ff.), 11. Kap. (S. 201 ff.).

Im Folgenden wird dargestellt, welche Leistung der Auftragnehmer aufgrund des mit dem Auftraggeber geschlossenen Werkvertrages/Bauvertrages schuldet bzw. welche Leistung der Auftraggeber nach dem Inhalt des Vertrages redlicherweise erwarten kann. Dabei wird schnell klar, dass technische Standards zu beachten sind – die »allgemein anerkannten Regeln der (Bau-)Technik« dienen als Mindeststandard eines Bauvertrages. Insofern ist fraglich, wie der Inhalt der »allgemein anerkannten Regeln der Technik« zu bestimmen ist. An dieser Stelle wird oft pauschal darauf hingewiesen, dieser Standard werde durch technische Normen (DIN-Normen etc.) ausgefüllt. Im Folgenden wird untersucht, ob das zutrifft. Die Darstellung beschränkt sich dabei aber nicht nur auf dogmatische Ausführungen, sondern verdeutlicht anhand von ausgewählten Beispielen aus der höchst- und obergerichtlichen Rechtsprechung das Zusammenspiel zwischen der Beurteilung der Qualität einer Bauleistung und technischen Normen.

2. Die Leistungspflicht des Bauunternehmers

a) Die nach dem Vertrag geschuldete Leistung

Um zu beantworten, ob eine mangelhafte Bauleistung vorliegt, muss zunächst geklärt werden, welche Leistung der Bauunternehmer nach dem vereinbarten Vertragsinhalt zu erbringen hat. Ob ein Gewerk mangelfrei ist, richtet sich – sofern zwischen den Vertragsparteien nichts anderes vereinbart wurde – nach dem Leitbild der §§ 631 ff. BGB (BGB-Vertrag) bzw. § 13 Abs. 1 VOB/B (VOB-Vertrag).[2] Die vorgenannte Einschränkung folgt aus dem Umstand, dass die Vertragsparteien aufgrund der ihnen zustehenden Privatautonomie ohne weiteres über dem Norminhalt liegende Anforderungen vertraglich vereinbaren können. Im Rahmen der nun folgenden Untersuchung sollen allein die Sachmangelkriterien von Interesse sein.

Zunächst hat der Werkunternehmer nach § 633 Abs. 2 BGB dafür einzustehen, dass sein Gewerk die *vertraglich vereinbarte Beschaffenheit* aufweist (§ 633 Abs. 2 Satz 1 BGB – ***1. Sachmangelvariante***).

Soweit eine Beschaffenheit vertraglich nicht vereinbart wurde, muss sich das Gewerk für die *nach dem Vertrag vorausgesetzte Verwendung* eignen (§ 633 Abs. 2 Satz 2 Nr. 1 BGB – ***2. Sachmangelvariante***),

ansonsten für die *gewöhnliche Verwendung* eignen und eine *Beschaffenheit* aufweisen, die bei Werken der gleichen Art *üblich* ist und die der Auftraggeber nach der Art der Leistung erwarten kann (§ 633 Abs. 2 Satz 2 Nr. 2 BGB – ***3. Sachmangelvariante***).

Weiterhin muss die Werkleistung – auch wenn dies im Unterschied zu § 13 Abs. 1 Satz 2 VOB/B nicht ausdrücklich im Wortlaut von § 633 Abs. 2 BGB erwähnt wird – auf allen vorgenannten Stufen zumindest auch den »***allgemein anerkannten Regeln der Technik***« (stillschweigend vereinbarter **Mindeststandard**[3]) entsprechen.

Der Wortlaut von § 633 Abs. 2 BGB ist vom Gesetzgeber »unglücklich« formuliert worden. Nach § 633 Abs. 2 Satz 1 BGB liegt zunächst dann ein Sachmangel vor, wenn das Werk nicht die *vertraglich vereinbarte Beschaffenheit* einhält (§ 633 Abs. 2 Satz 1 BGB). § 633 Abs. 2 Satz 2 BGB betrifft nach seinem Wortlaut hingegen nur diejenigen Sachmangelfälle, in denen eine vertragliche Vereinbarung über die Beschaffenheit des Werkes zwischen den Parteien nicht getroffen wurde. In dem zuletzt genannten Bereich unterscheidet das Gesetz noch danach, ob sich das Werk für die *nach dem Vertrag vorausgesetzte Verwendung* (§ 633 Abs. 2 Satz 2 Nr. 1 BGB) oder – wenn eine solche fehlt – für die *gewöhnliche Verwendung* (§ 633 Abs. 2 Satz 2 Nr. 2 BGB) eignet. Nur im Falle der gewöhnlichen Verwendungseignung soll das Werk zudem noch der *üblichen Beschaffenheit* entsprechen, die der Besteller nach der Art des Werkes erwarten kann.

Intention der Neufassung von § 633 BGB durch das Schuldrechtsmodernisierungsgesetz war die Anpassung an Art. 2 der europäischen Verbrauchsgüterkaufrichtlinie. Dadurch sollte im Kauf- und Werkvertragsrecht ein einheitlicher Sachmangelbegriff eingeführt werden. Aus den Erwägungsgründen zur Verbrauchsgüterkaufrichtlinie geht hervor, dass die dort genannten Sachmangelvarianten *kumulativ* gelten sollen.[4] Das bedeutet, dass die Elemente der Beschaffenheit und des Verwendungszwecks nach der

2 Ausführlich zu den einzelnen Sachmangelkriterien: *Kniffka*, in: *Kniffka*, Bauvertragsrecht (3. Aufl., München 2018), § 633 Rdnr. 4 ff.; *Kniffka*, in: *Kniffka/Koeble*, Kompendium des Baurechts (4. Aufl., München 2014), 6. Teil Rdnr. 15 ff.; *Seibel*, Baumängel und anerkannte Regeln der Technik, Rdnr. 82 ff.; *Seibel*, ZfBR 2009, 107 ff.

3 Dazu: BGH – VII ZR 55/13, IBR 2014, 553; BGH – VII ZR 209/11, BauR 2013, 624 Rdnr. 23; *Seibel*, Baumängel und anerkannte Regeln der Technik, Rdnr. 96 ff. m.w.N.

4 Dazu: *Kniffka*, in: *Kniffka*, Bauvertragsrecht, § 633 Rdnr. 6; *Thode*, NZBau 2002, 297 ff.

Richtlinie grundsätzlich nebeneinander gelten und sich keinesfalls gegenseitig ausschließen. Diese Anforderungen finden sich im Wortlaut von § 633 Abs. 2 BGB nicht wieder. Das Gesetz scheint vielmehr ausdrücklich zwischen der Beschaffenheit und dem Verwendungszweck im Sinne eines Alternativverhältnisses differenzieren zu wollen.

Würde man strikt nach dem Wortlaut von § 633 Abs. 2 BGB vorgehen, so hätte dies beispielsweise zur Folge, dass ein Gewerk schon dann mangelfrei wäre, wenn allein die vertraglich vereinbarte Beschaffenheit – u.a. die Ausführungsvorgabe – eingehalten würde. Nach dem Wortlaut von § 633 Abs. 2 Satz 2 BGB (»*Soweit* die Beschaffenheit nicht vereinbart ist, ...«) käme es in diesem Fall überhaupt nicht mehr auf die Verwendungseignung – weder die vertraglich vorausgesetzte noch die gewöhnliche – an.

Dass dies nicht richtig sein kann, ergibt sich schon daraus, dass der Werkunternehmer dem Besteller gegenüber vor allem für den mit dem Gewerk bezweckten *funktionalen Werkerfolg* einzustehen hat. Die Werkleistungspflicht ist stets erfolgsbezogen zu betrachten.

Dies wird umso deutlicher, wenn man sich folgendes **Beispiel** vergegenwärtigt:

> *Der Besteller schließt mit dem Unternehmer einen Vertrag über die Errichtung des Daches einer Lager- und Produktionshalle. Nach Fertigstellung der Arbeiten zeigt sich, dass das Dach nicht regendicht ist.*
>
> *Es ist nicht zweifelhaft, dass das Dach im Ergebnis regendicht sein muss, um mangelfrei zu sein.*[5] *Nach der Rechtsprechung des BGH entspricht dies der von den Vertragsparteien (jedenfalls stillschweigend) vereinbarten Funktionstauglichkeit der Werkleistung (= Unterfall der vertraglich vereinbarten Beschaffenheit).*

Wollte man § 633 Abs. 2 BGB auf diesen Fall allein nach seinem Wortlaut anwenden, müsste eine Mangelhaftigkeit des Daches schon deswegen ausscheiden, weil die vertraglich vereinbarte Beschaffenheit (Ausführungsvorgabe) von dem Unternehmer eingehalten worden ist. Es ist offenkundig, dass dieses Ergebnis nicht überzeugen kann. In dem Leistungsverzeichnis waren zwar konkrete Ausführungsvorgaben enthalten. Zugrunde lag jedoch immer die Vorstellung, dass sich das Dach später für die nach dem Vertrag (stillschweigend) vorausgesetzte – wenigstens aber die gewöhnliche – Verwendung eignet und einer üblichen Beschaffenheit entspricht. Dies ist nur dann der Fall, wenn es auch dicht ist (»funktionaler Werkerfolg«). Eine andere Auslegung würde den Willen der Parteien – insbesondere des Bestellers – in einem ganz wesentlichen Punkt unberücksichtigt lassen.[6]

Das dargestellte Beispiel zeigt, dass die ***Sachmangelkriterien in § 633 Abs. 2 BGB*** nicht alternativ, sondern ***kumulativ angewandt werden müssen***. § 633 Abs. 2 BGB ist daher – entgegen seines missverständlichen Wortlauts – im Hinblick auf die Verbrauchsgüterkaufrichtlinie richtlinienkonform (kumulative Geltung der Sachmangelkriterien) auszulegen, um zu sachgerechten Ergebnissen zu gelangen.[7]

Zurück zu den »**allgemein anerkannten Regeln der Technik**«:

Vor allem innerhalb der gewöhnlichen Verwendungseignung sind die »allgemein anerkannten Regeln der Technik« von erheblicher Bedeutung.[8] Dieser Standard ist nämlich in der Regel vom Bauunternehmer einzuhalten, soweit dadurch die geschuldete Gebrauchstauglichkeit gewährleistet wird.[9] Damit wird deutlich, dass der für die Bestimmung der Mangelhaftigkeit maßgebliche (Mindest-)Standard die »allgemein anerkannten Regeln der Technik« sind. Dies wird für den *VOB-Werkvertrag* ausdrücklich in § 4 Abs. 2 Nr. 1 Satz 2 VOB/B sowie in § 13 Abs. 1 Satz 2 VOB/B geregelt. Das gilt aber ebenso für den *BGB-Werkvertrag*. Nach ständiger Rechtsprechung des BGH sichert der Bauunternehmer beim Vertragsschluss nämlich stillschweigend zumindest das Einhalten der »allgemein anerkannten Regeln der (Bau-)Technik« zu.[10] Dieser vom BGH aufgestellte Grundsatz folgt letztlich aus der Überlegung, dass der Bauunternehmer eine besondere Fachkunde in seinem Tätigkeitsbereich besitzt, auf die der Bauherr vertrauen kann und darf. Aufgrund dieser (stillschweigend) zugrunde gelegten Kenntnis des Bauunternehmers hat der Bauherr (zumindest) ei-

5 Ein Dach muss grundsätzlich (auch bei Wind) regendicht sein; vgl. BGH – VII ZR 403/98, NJW-RR 2000, 465 f. = IBR 2000, 65.

6 *Kniffka*, in: *Kniffka*, Bauvertragsrecht, § 633 Rdnr. 46.

7 *Pastor*, in: *Werner/Pastor*, Der Bauprozess (16. Aufl., Köln 2018), Rdnr. 1964.

8 Vgl. auch: BGH – VII ZR 184/97, BauR 1998, 872 (873).

9 Dazu: BGH – X ZR 242/99, NJW-RR 2002, 1533 (1534); BGH – VII ZR 115/97, BauR 2000, 261 (262); *Pastor*, in: *Werner/Pastor*, Der Bauprozess, Rdnr. 1964.

10 BGH – VII ZR 184/97, BauR 1998, 872 (873).

nen Anspruch auf Beachtung der in der Baupraxis bekannten und bewährten Vorgehensweisen – also der »allgemein anerkannten Regeln der Technik«. Diesen Standard hat der Bauunternehmer nach höchstrichterlicher Rechtsprechung *zum Zeitpunkt der Abnahme* einzuhalten (maßgeblicher Beurteilungszeitpunkt).[11]

Dass die »allgemein anerkannten Regeln der Technik« erst nach der Überprüfung der vertraglich vereinbarten Beschaffenheit zu beachten sind, ergibt sich auch daraus, dass die Parteien im Rahmen einer solchen Vereinbarung qualitativ höherwertige Anforderungen als diejenigen der »allgemein anerkannten Regen der Technik« zugrunde legen können.[12] So können sie etwa die Geltung des (höherwertigen) »Standes der Technik« vereinbaren. Sollte dies der Fall sein, ist verständlich, dass selbst beim Erfüllen der »allgemein anerkannten Regeln der Technik« ein Mangel vorliegt, da dann die erhöhten vertraglichen Anforderungen nicht eingehalten werden.

Die Frage, welche Leistung vom Bauunternehmer zu erbringen ist, kann sowohl für den VOB-Werkvertrag als auch für den BGB-Werkvertrag wie folgt zusammengefasst werden:

Der Bauunternehmer hat primär die vertraglich vereinbarte Beschaffenheit – einschließlich der vereinbarten Funktionstauglichkeit – einzuhalten. Sollte sein Gewerk in technischer Hinsicht mangelfrei sein, jedoch nicht dem Vertragsinhalt entsprechen, liegt gleichwohl ein Mangel vor. Insofern kommt es auf die »allgemein anerkannten Regeln der Technik« (noch) nicht an.

> ***Beispiel:***
> *Die Ausführung einer Parkhausdecke in einer geringeren als der vertraglich vereinbarten Betongüte (Güteklasse **C 20/25** [alte Bezeichnung: B 25] **statt C 30/37** [alte Bezeichnung: B 35]) reicht für die geplanten Nutzlastfälle (noch) aus. Bei Verwendung der vertraglich vereinbarten Betonqualität (C 30/37) wäre aber eine noch höhere Tragfähigkeit, Haltbarkeit und Nutzungsdauer erreicht worden.[13] Auch wenn mit der tatsächlichen Bauausführung die statischen Anforderungen nach den »allgemein anerkannten Regeln der Technik« (noch) eingehalten worden sind, folgt ein Mangel bereits daraus, dass der Bauherr einen Anspruch auf eine höherwertigere Ausführung hatte, die nicht eingehalten wurde. Die »Ist-Beschaffenheit« weicht im Beispielsfall also negativ von der vertraglich vereinbarten »Soll-Beschaffenheit« ab.*

Sollte eine Beschaffenheit vertraglich nicht speziell vereinbart worden sein, ist zu prüfen, ob sich die Bauleistung für die nach dem Vertrag vorausgesetzte bzw. die gewöhnliche Verwendung eignet und ob insofern die »allgemein anerkannten Regeln der Technik« eingehalten werden.

b) Die »allgemein anerkannten Regeln der (Bau-)Technik«

aa) Inhaltsbestimmung

Es fragt sich, welchen Inhalt die im Rahmen dieses Vortrages schon mehrfach angesprochenen »allgemein anerkannten Regeln der Technik« haben.

In diesem Zusammenhang kann auf die Rechtsprechung des Reichsgerichts zu den »allgemein anerkannten Regeln der Baukunst« gemäß § 330 StGB a. F. (jetzt: § 319 StGB n. F. – »allgemein anerkannte Regeln der Technik«) zurückgegriffen werden. Nach den Ausführungen des Reichsgerichts ist eine Regel dann allgemein anerkannt, wenn sie die ganz vorherrschende Ansicht der (technischen) Fachleute darstellt.[14] Ausgehend davon setzt eine »allgemein anerkannte Regel der Technik« damit zunächst voraus, dass sie sich in der Wissenschaft als (theoretisch) richtig durchgesetzt hat (*allgemeine wissenschaftliche Anerkennung*). Dabei genügt es aber nicht, dass eine Regel im Fachschrifttum vertreten oder an Universitäten gelehrt wird. Sie muss auch Eingang in die Praxis gefunden und sich dort überwiegend bewährt haben (*praktische Bewährung*).[15]

Insgesamt lassen sich die »allgemein anerkannten Regeln der (Bau-)Technik« wie folgt definieren:

---

11 Vgl.: BGH – VII ZR 184/97, BauR 1998, 872.
Beachte zudem: § 13 Abs. 1 Satz 1 und Satz 2 VOB/B.
Ausführlich zur (früher sehr streitigen) Frage des maßgeblichen Beurteilungszeitpunktes: *Pastor*, in: *Werner/Pastor*, Der Bauprozess, Rdnr. 1975 m.w.N. auch aus der obergerichtlichen Rechtsprechung.

12 Siehe zur Vereinbarung von über den »allgemein anerkannten Regeln der Technik« liegenden Anforderungen: OLG Frankfurt – 4 U 120/04, BauR 2005, 1327 ff.; OLG Stuttgart – 3 U 185/03, BauR 2005, 769.

13 Zu diesem Beispiel: BGH – VII ZR 181/00, BauR 2003, 533 ff.

14 RG – IV 644/10, RGSt 44, 75 (79).

15 Näher zum Inhalt der »allgemein anerkannten Regeln der Technik«: *Seibel*, in: *Nicklisch/Weick/Jansen/Seibel*, VOB/B, § 13 Rdnr. 29 ff.; *Seibel*, Baumängel und anerkannte Regeln der Technik, Rdnr. 20 ff.; *Seibel*, in: *Staudt/Seibel*, Handbuch für den Bausachverständigen, 10. Kap. (S. 177 ff.).

> *Eine technische Regel ist dann allgemein anerkannt, wenn sie der Richtigkeitsüberzeugung der vorherrschenden Ansicht der technischen Fachleute entspricht (1. Element: **allgemeine wissenschaftliche Anerkennung**) und darüber hinaus auch in der (Bau-)Praxis erprobt und bewährt ist (2. Element: **praktische Bewährung**).*[16]

An dieser Stelle ist darauf hinzuweisen, dass der Normgeber, wenn er von den »**anerkannten Regeln der Technik**« spricht, verkürzt auf die »allgemein anerkannten Regeln der Technik« Bezug nimmt. Inhaltlich lässt sich zwischen diesen Begriffen keinerlei Unterschied feststellen.[17] Das zeigt schon allein die historische Herleitung dieses Technikstandards ganz deutlich.[18] In technikrechtlicher Hinsicht müsste der Gesetzgeber daher richtigerweise immer von den »allgemein anerkannten Regeln der Technik« sprechen, weshalb die Verwendung des Begriffs »anerkannte Regeln der Technik« (z. B. in § 4 Abs. 2 VOB/B, § 13 Abs. 1 VOB/B) unpräzise ist.

Von den »allgemein anerkannten Regeln der Technik« unterscheidet sich der »**Stand der Technik**« hingegen grundlegend. Ohne das an dieser Stelle näher vertiefen zu können – dies würde den Umfang dieses Vortrages sprengen –, sei darauf hingewiesen, dass der »Stand der Technik« den Maßstab an die Front der technischen Entwicklung verlagert und insofern – unter Verzicht auf das Kriterium der allgemeinen Anerkennung – eine im Vergleich zu den »allgemein anerkannten Regeln der Technik« gesteigerte Dynamik vermittelt.[19] Daher kann verkürzt zusammengefasst werden, dass der »Stand der Technik« auf einer höheren Stufe – gerade was die Aktualität technischer Neuerungen angeht – steht. Eine allgemeine Anerkennung im Sinne einer vorherrschenden Mehrheitsauffassung setzt sich demgegenüber langsamer durch. Beide Standards sind damit strikt voneinander zu trennen.[20]

Es soll nicht verschwiegen werden, dass der »**Stand von Wissenschaft und Technik**« nach absolut h.M. (»3-Stufen-Theorie«) der dynamischste Standard ist. Dieser Standard, der vor allem im Atomrecht (z. B. § 7 Abs. 2 Nr. 3 AtomG) Verwendung findet, wird für den privaten Bauvertrag jedoch kaum praktische relevant.[21]

bb) Konkretisierung der »allgemein anerkannten Regeln der Technik« durch technische Regelwerke (DIN-Normen etc.)

Die vorstehende Definition der »allgemein anerkannten Regeln der Technik« hilft allein nicht wesentlich weiter:

> *Wie soll man die bei den Fachleuten vorherrschende Ansicht und die praktisch erprobten technischen Regeln konkret bestimmen?*

Zu klären ist, wie dieser Standard konkretisiert und damit für den Einzelfall handhabbar gemacht werden kann. Am einfachsten lässt sich eine solche Konkretisierung dadurch erreichen, dass man auf technische Regelwerke abstellt, die für das jeweils betroffene Gewerk Anforderungen in Form von Wertangaben enthalten. Solche Angaben finden sich in vielen technischen Regelwerken (etwa DIN-Normen). Es stellt sich die Frage, in welcher Beziehung technische Normen zu den »allgemein anerkannten Regeln der Technik« stehen. Insofern wird vielfach darauf hingewiesen, dass die »allgemein anerkannten Regeln der Technik« alle überbetrieblichen technischen Normen umfassen.[22] Solche Normen sind insbesondere:

- ***DIN-Normen***,
- ***ETB*** (einheitliche technische Baubestimmungen),
- ***VDI-Richtlinien***,
- ***VDE-Vorschriften***,
- ***Flachdachrichtlinie***,
- ***mündlich überlieferte technische Regeln***,[23]
- evtl. auch ***Herstellervorschriften/-richtlinien***.[24]

16 Siehe auch: OLG Hamm – 17 U 112/95, BauR 1997, 309 ff.

17 Ebenso nach ausführlicher Analyse: *Marburger*, Die Regeln der Technik im Recht (Köln 1979), S. 146. Die Auffassung von *Weyer*, IBR 2008, 381 (Praxishinweis), der glaubt, es gebe keine allgemeine Anerkennung, ist daher unzutreffend. Vertiefung: *Seibel*, ZfBR 2008, 635 ff. m.w.N.

18 Ausführlich: *Seibel*, ZfBR 2008, 635 ff.

19 Näher zum »Stand der Technik«: *Seibel*, Der Stand der Technik im Umweltrecht, S. 31 ff.; *Seibel*, Baumängel und anerkannte Regeln der Technik, Rdnr. 14 ff.

20 Weitere Einzelheiten: *Seibel*, Baumängel und anerkannte Regeln der Technik, Rdnr. 26; *Seibel*, NJW 2013, 3000 ff.

21 Näher zum »Stand von Wissenschaft und Technik«: *Seibel*, Baumängel und anerkannte Regeln der Technik, Rdnr. 27 ff.

22 Allgemein hierzu: *Kniffka*, in: *Kniffka/Koeble*, Kompendium des Baurechts, 6. Teil Rdnr. 32; *Pastor*, in: *Werner/Pastor*, Der Bauprozess, Rdnr. 1967.

23 Zu den Möglichkeiten der Ermittlung nicht schriftlich festgelegter »allgemein anerkannter Regeln der Technik«: *Seibel*, BauR 2014, 909 ff.

24 Zur Bedeutung von Herstellervorschriften/-richtlinien: *Seibel*, in: *Staudt/Seibel*, Handbuch für den Bausachverständigen, 11. Kap. (S. 201 ff.); *Seibel*, BauR 2012, 1025 ff. mit vielen Beispielen.

Einer solchen Aussage kann nicht bedingungslos zugestimmt werden, da eine differenzierte Betrachtung angezeigt ist. Es ist nämlich zu bedenken, dass das Einhalten der Werte der soeben dargestellten technischen Normen nicht zwangsläufig dazu führt, dass auch die »allgemein anerkannten Regeln der Technik« erfüllt werden.

An dieser Stelle muss man sich zunächst den *Rechtscharakter* solcher überbetrieblichen technischen Normen verdeutlichen. **DIN-Normen** sind keine Rechtsnormen, sondern ***private technische Regelungen mit Empfehlungscharakter***. Technischen Normen kann somit keine zwingende »Bindungswirkung« im Hinblick auf die Konkretisierung der »allgemein anerkannten Regeln der Technik« zukommen. Solche Normen können die »allgemein anerkannten Regeln der Technik« wiedergeben, jedoch auch hinter diesen zurückbleiben.[25]

Weiterhin ist vor allem das ***Alter solcher Normen*** zu beachten: Sind technische Normen seit langer Zeit unverändert geblieben, stellt sich die Frage, ob diese überhaupt noch die *derzeit* vorherrschende Ansicht der Fachleute wiedergeben. Sollten sie veraltet sein, scheidet eine Konkretisierung der »allgemein anerkannten Regeln der Technik« aus. Dies wird umso deutlicher, wenn man sich vergegenwärtigt, dass die Anerkennung technischer Regeln nicht etwas einmal und für alle Zeit Festgeschriebenes darstellt. Die Anerkennung von technischen Regeln ändert sich im Laufe der Zeit und unterliegt einem ständigen Wandel. Allein mit dem Einhalten der Werte in DIN-Normen etc. kann somit nicht sicher festgestellt werden, dass auch zwangsläufig die derzeit »allgemein anerkannten Regeln der Technik« beachtet werden.

Dieser Aspekt macht die Sache vor allem für den Bauunternehmer sehr aufwendig: Er muss sich mit den jeweiligen Regeln der Bautechnik in allgemeiner Hinsicht und in seinem Fachgebiet genau vertraut machen, um sicher zu gehen, dass seine Bauausführung mangelfrei ist. Sollten die einschlägigen DIN-Normen etc. aktuell sein und die dort angegebenen Verarbeitungsmethoden bzw. sonstigen Empfehlungen der überwiegenden Auffassung der Fachleute entsprechen, reicht deren Einhalten aus. Anderenfalls muss die Bauleistung abweichend davon ausgeführt werden. Wenn der Bauunternehmer dies nicht hinreichend beachtet und sein Gewerk so ausführt, wie er es evtl. schon seit langer Zeit – vielleicht sogar ohne Beschwerden seiner Auftraggeber – macht, läuft er Gefahr, sich in einem Bauprozess darüber »belehren« lassen zu müssen, dass die von ihm erbrachte Bauleistung trotzdem mangelhaft ist, weil die überwiegende Ansicht der Fachleute mittlerweile anders vorgeht. Der in der Praxis vielfach anzutreffenden »***DIN-Gläubigkeit***« der Baubeteiligten ist damit eine klare Absage zu erteilen.[26]

Ungeachtet dessen sind überbetriebliche technische Normen für die Konkretisierung der »allgemein anerkannten Regeln der Technik« dennoch von besonderer Relevanz:

> *Es besteht eine **widerlegbare Vermutung** dafür, dass kodifizierte technische Normen (DIN-Normen etc.) die »allgemein anerkannten Regeln der Technik« wiedergeben.[27] Das folgt schon daraus, dass diese Regeln zumeist aufgrund der vorherrschenden Ansicht der technischen Fachleute erstellt worden sind.[28] Diese Vermutung ist jedoch widerlegbar. Eine DIN-Norm kann dann keine Geltung (mehr) beanspruchen, wenn z. B. Anhaltspunkte dafür bestehen, dass sie veraltet ist.*

Umgekehrt kann überbetrieblichen technischen Normen im Hinblick auf die Konkretisierung der »allgemein anerkannten Regeln der Technik« jedenfalls eine *Negativwirkung* attestiert werden:

> *Werden die nach DIN-Normen etc. maßgeblichen Werte nicht eingehalten, wird (regelmäßig) ein Verstoß gegen die »allgemein anerkannten Regeln der Technik« anzunehmen sein. Dies gilt vor allem dann, wenn die DIN-Norm bereits älteren Datums ist.*

Nur wenn man die vorstehenden Ausführungen berücksichtigt, wird deutlich, warum der BGH z. B. in seinem Urteil vom 14.05.1998[29] folgende Leitsätze formuliert hat:

---

25 Siehe z. B.: BGH – VII ZR 184/97, BauR 1998, 872.

26 Ausführlich dazu: *Seibel*, Der Bausachverständige 6/2008, 59 ff.; *Seibel*, Der Bausachverständige 1/2010, 58 ff. – jeweils m.w.N.

27 *Kniffka*, in: *Kniffka/Koeble*, Kompendium des Baurechts, 6. Teil Rdnr. 32 a.E.
Ausführlich zu dieser Vermutungswirkung und deren Folgen für die Beweislast: *Pastor*, in: *Werner/Pastor*, Der Bauprozess, Rdnr. 1969.

28 Siehe: *Seibel*, Der Stand der Technik im Umweltrecht, S. 155 f.

29 BGH – VII ZR 184/97, BauR 1998, 872 (873).
Diese Grundsätze hat der BGH in seinem Urteil vom 14.06.2007 fortgeführt und weiterentwickelt: BGH – VII ZR 45/06, BauR 2007, 1570 ff.

»Welcher Luftschallschutz geschuldet ist, ist durch Auslegung des Vertrages zu ermitteln. Sind danach bestimmte Schalldämm-Maße ausdrücklich vereinbart oder jedenfalls mit der vertraglich geschuldeten Ausführung zu erreichen, ist die Werkleistung mangelhaft, wenn diese Werte nicht erreicht sind.

Liegt eine derartige Vereinbarung nicht vor, ist die Werkleistung im allgemeinen mangelhaft, wenn sie nicht den zur Zeit der Abnahme anerkannten Regeln der Technik als vertraglichem Mindeststandard entspricht.

Die DIN-Normen sind keine Rechtsnormen, sondern private technische Regelungen mit Empfehlungscharakter. Sie können die anerkannten Regeln der Technik wiedergeben oder hinter diesen zurückbleiben.«

Bei der Prüfung, ob technische Normen den »allgemein anerkannten Regeln der Technik« entsprechen, empfiehlt sich folgende ***vierstufige Prüfungsreihenfolge***:[30]

I. Zunächst muss die DIN-Norm etc. überhaupt für den betreffenden technischen Bereich einschlägig sein (Geltungsbereich und Schutzzweck der Norm).
II. Weiterhin ist zu prüfen, ob die DIN-Norm etc. den betreffenden technischen Bereich abschließend, d.h. lückenlos und vollständig, erfassen will. Eine Konkretisierungswirkung scheidet aus, wenn die DIN-Norm etc. hinsichtlich des einschlägigen technischen Sachverhalts Regelungslücken aufweist.
III. Sind die ersten beiden Punkte geklärt, muss sich die DIN-Norm etc. am Inhalt der »allgemein anerkannten Regeln der Technik« messen lassen.
IV. Schließlich dürfen die in der DIN-Norm etc. enthaltenen und ursprünglich einmal den »allgemein anerkannten Regeln der Technik« entsprechenden Anforderungen ihre allgemeine Anerkennung nicht wieder verloren haben (technischer Fortschritt – »Altersproblematik«).

cc) Konkretisierung der »allgemein anerkannten Regeln der Technik« außerhalb schriftlicher technischer Regelwerke

Auch wenn schriftliche technische Regelwerke bei der Konkretisierung der allgemein anerkannten Regeln der Technik eine große Rolle spielen, wird dieser Technikstandard nicht allein durch schriftlich niedergelegte Regelwerke konkretisiert. Trotz der in Deutschland vorhandenen »Normenflut« gibt es immer noch technische Bereiche, in denen die anerkannten und bewährten Vorgehensweisen keinen Eingang in schriftliche Regelwerke wie z. B. DIN-Normen gefunden haben, sondern allein nach den (überlieferten) Erfahrungen der Handwerker zu beurteilen sind. Als Beispiel sei hier nur das Zimmererhandwerk genannt.[31]

Für den Sachverständigen erweist sich die Feststellung der »allgemein anerkannten Regeln der Technik« außerhalb von schriftlich niedergelegten technischen Regelwerken als sehr problematisch. Vor dem gleichen Problem steht der Sachverständige, wenn er überprüfen will, ob die in einem schriftlichen technischen Regelwerk enthaltenen Anforderungen (noch) aktuell sind, d. h. ob diese auch derzeit (noch) der vorherrschenden Ansicht der Fachleute entsprechen und praktisch bewährt sind.

In solchen Fällen stehen dem Sachverständigen – neben seiner eigenen Erfahrung und Fachkunde – insbesondere folgende **Möglichkeiten zur Konkretisierung der »allgemein anerkannten Regeln der Technik«** zur Verfügung:[32]

- eigene *wissenschaftliche Untersuchungen* (z. B. Baustoffprüfungen, Labortests, Berechnungen),
- *Auswertung von Schadensfällen,*
- *Literaturauswertung,*
- *Analyse von Statistiken,*
- *fachlicher Erfahrungsaustausch* (z. B. innerhalb von sog. »Bausachverständigen-Netzwerken«),
- evtl. auch Durchführung einer *Befragung der maßgeblichen Fachleute.*

30 Dazu schon: *Kamphausen*, BauR 1983, 175 f.

31 Vertiefung: Siehe zur Entwicklung der »allgemein anerkannten Regeln der Technik« bei handwerklichen Holztreppen von den seit Jahrhunderten überlieferten Erfahrungen der Handwerker bis hin zum »Regelwerk Handwerkliche Holztreppen« (erstmals erschienen 1998 [1. Aufl.]): *Seibel/Kanz*, in: *Seibel/Zöller*, Baurechtliche und -technische Themensammlung, Heft 5 (Handwerkliche Holztreppen).

32 Siehe auch: *Jagenburg*, Jahrbuch Baurecht 2000, 200 (208 f.); *Kamphausen/Warmbrunn*, BauR 2008, 25 (28); *Oswald*, db (deutsche bauzeitung) 9/98, 123 (130); *Seibel*, ZfBR 2008, 635 ff.

Ob die zuletzt genannte Möglichkeit der Befragung von Fachleuten eine taugliche Methode zur Ermittlung der überwiegend anerkannten und in der Praxis bewährten Vorgehensweise in einem technischen Bereich darstellt, wird zu Recht bezweifelt.[33] *Jagenburg*[34] hat – unter Bezugnahme auf die Ausführungen von *Oswald*[35] – gegen die **Tauglichkeit von Meinungsumfragen** folgende Bedenken vorgebracht:

> *»Dagegen sind Meinungsumfragen unter Bausachverständigen ... aus den von Oswald angeführten Gründen nachdrücklich abzulehnen. Zum einen ist schon die Auswahl derer, die an einer solchen Meinungsumfrage beteiligt werden, subjektiv-willkürlich, jedenfalls nicht kontrollierbar und ebenso zufällig wie die Zahl der Antworten, da anzunehmen ist, daß nicht jeder, der angeschrieben worden ist, auf eine solche Anfrage antwortet. Zum anderen kann der Kreis der Fachleute, die über die Frage der Praxisbewährung und Anerkennung einer Bauweise urteilen, nicht auf Bausachverständige beschränkt werden, die es nur mit einer ebenso zufälligen Zahl und Auswahl von Bauschadensfällen zu tun haben. Denn Bauschäden sind nur ein und nicht das einzige Beurteilungskriterium. Außerdem geht es den Bausachverständigen wie den Ärzten, Anwälten und Richtern: ihre Sicht beschränkt sich auf die »kranken« Fälle, mit denen sie es allein zu tun haben. Das verstellt den Blick für die Wirklichkeit und dafür, daß die Schadensfälle nicht die Regel, sondern die Ausnahme sind.«*

Diese Ausführungen von *Jagenburg* enthalten – vor allem im ersten Teil – einige überzeugende Ansatzpunkte, die dagegen sprechen, das Ergebnis einer Meinungsumfrage unter Fachleuten zur Konkretisierung der allgemein anerkannten Regeln der Technik heranzuziehen. Es dürfte äußerst **schwierig** sein, durch eine solche Befragung ein im Ergebnis **repräsentatives Meinungsbild zu erhalten**. Dabei erweist sich schon die Auswahl derjenigen Personen, die an einer solchen Umfrage beteiligt werden sollen, als problematisch. Sodann stellt sich auch die Frage, ob aus den Antworten verlässliche Rückschlüsse gezogen werden können/dürfen.

Entgegen *Jagenburg* erweist sich aber insbesondere die **Erfahrung aus Schadensfällen** als sehr wichtiges – wenn nicht sogar das wichtigste – Kriterium zur Bestimmung der Praxistauglichkeit einer Bauweise. Was sonst kann verlässlichere Rückschlüsse auf die Gebrauchstauglichkeit einer Bauweise geben als ein Schadensfall? Selbst wenn es sich dabei um einen Ausnahmefall handeln sollte.

dd) Maßgeblicher Beurteilungszeitpunkt: grds. Abnahme

Die »allgemein anerkannten Regeln der Technik« hat der Auftragnehmer grundsätzlich ***zum Zeitpunkt der Abnahme*** (= maßgeblicher Beurteilungszeitpunkt; ausdrücklich in § 13 Abs. 1 Satz 2 und Satz 3 VOB/B genannt) einzuhalten.[36]

Problematisch kann das Abstellen auf den Zeitpunkt der Abnahme jedoch dann sein, wenn sich die ***»allgemein anerkannten Regeln der Technik« während der Bauausführung und noch vor der Abnahme ändern***[37] – z. B. durch die Aktualisierung einer DIN-Norm. Hier bietet sich eine Differenzierung wie folgt an:[38]

War die Änderung ***für den Auftragnehmer vor der Bauausführung nicht vorhersehbar***, kann der Auftraggeber – worauf *Kniffka* zutreffend hinweist[39] – redlicher Weise nur erwarten, dass der Auftragnehmer eine Werkleistung nach den im Zeitpunkt der Bauausführung maßgeblichen »allgemein anerkannten Regeln der Technik« verspricht. Denn anderenfalls müsste der Auftragnehmer nach der Änderung der »allgemein anerkannten Regeln der Technik« das Bauwerk direkt im Anschluss an die Bauausführung ändern, was niemand erwarten kann.

Das kann anders zu beurteilen sein, wenn die Änderung ***für den Auftragnehmer schon vor der Bauausführung (sicher) vorhersehbar*** war[40] – z. B. weil sie schon seit langer Zeit in den Fachkreisen diskutiert wurde und dort bekannt war.

Eine von den vorstehenden Aspekten zu trennende Frage ist diejenige nach den **Auswirkungen auf den Vergütungsanspruch** des Auftragnehmers. Das soll

33 *Jagenburg*, Jahrbuch Baurecht 2000, 200 (209 f.); *Oswald*, db (deutsche bauzeitung) 9/98, 123 (130).
34 *Jagenburg*, Jahrbuch Baurecht 2000, 200 (209).
35 *Oswald*, db (deutsche bauzeitung) 9/98, 123 (130).
36 Siehe z. B.: BGH – VII ZR 65/14, NJW 2018, 391 Rdnr. 25; BGH – VII ZR 184/97, NJW 1998, 2814 (2815) = IBR 1998, 376 f. mit Anm. *Schulze-Hagen*.
37 Vgl. auch: BGH – VII ZR 65/14, NJW 2018, 391 Rdnr. 26 ff.
38 Ausführlich dazu: *Kniffka*, in: *Kniffka/Koeble*, Kompendium des Baurechts, 6. Teil Rdnr. 35 m.w.N.
39 *Kniffka*, in: *Kniffka*, ibr-online-Kommentar Bauvertragsrecht 2017 (Stand: 21.08.2017), § 633 Rdnr. 34.
40 Dazu: OLG Düsseldorf – 22 U 32/04, BauR 2006, 996 ff. = IBR 2006, 549 (Inkrafttreten einer neuen Wärmeschutzverordnung vor dem Durchführen der Arbeiten).

an dieser Stelle zwar nicht weiter vertieft werden.[41] Es ist jedoch auf das **Urteil des BGH vom 14.11.2017** hinzuweisen, in dem alle zuvor genannten Gesichtspunkte und auch die Frage einer Vergütungsanpassung wie folgt zusammengefasst worden sind:[42]

»1. Der Auftragnehmer schuldet gemäß § 13 Nr. 1 VOB/B (2006) grundsätzlich die Einhaltung der allgemein anerkannten Regeln der Technik zum Zeitpunkt der Abnahme. Dies gilt auch bei einer Änderung der allgemein anerkannten Regeln der Technik zwischen Vertragsschluss und Abnahme.

2. a) In einem solchen Fall hat der Auftragnehmer den Auftraggeber regelmäßig über die Änderung und die damit verbundenen Konsequenzen und Risiken für die Bauausführung zu informieren, es sei denn, diese sind dem Auftraggeber bekannt oder ergeben sich ohne Weiteres aus den Umständen.

b) Der Auftraggeber hat sodann im Regelfall zwei Optionen.

Der Auftraggeber kann zum einen die Einhaltung der neuen allgemein anerkannten Regeln der Technik verlangen mit der Folge, dass ein aufwändigeres Verfahren zur Herstellung erforderlich werden kann, als im Zeitpunkt des Vertragsschlusses von den Parteien vorgesehen. Der Auftragnehmer kann, soweit hierfür nicht von der Vergütungsvereinbarung erfasste Leistungen erforderlich werden, im Regelfall eine Vergütungsanpassung nach § 1 Nr. 3 oder 4, § 2 Nr. 5 oder 6 VOB/B (2006) verlangen.

Der Auftraggeber kann zum anderen von einer Einhaltung der neuen allgemein anerkannten Regeln der Technik und damit von einer etwaigen Verteuerung des Bauvorhabens absehen.«

Vertiefung zur Frage des Einhaltens der »allgemein anerkannten Regeln der Technik« während der Dauer der Verjährungsfrist von Mängelansprüchen: OLG Frankfurt - Blasbachtalbrücken-Urteil.[43]

II. Ausgewählte Beispiele aus der Rechtsprechung

Nach den bisher überwiegend dogmatischen Ausführungen sollen im Folgenden anhand von ausgewählten Beispielen aus der höchst- und obergerichtlichen Rechtsprechung die Bestimmung des Inhalts der »allgemein anerkannten Regeln der Technik« und das Zusammenspiel mit technischen Regelwerken veranschaulicht werden. Das letzte Rechtsprechungsbeispiel betrifft mangelhafte Sanierungsarbeiten.

1. BGH, Urteil v. 04.06.2009 – VII ZR 54/07[44]

Mit Schallschutzproblemen musste sich der BGH in seinem Urteil vom 04.06.2009 befassen.

»Rechtsfehlerhaft vertritt das Berufungsgericht jedoch die Auffassung, die Beklagte schulde nur einen Schallschutz, der den Mindestanforderungen der DIN 4109 genüge. Das Berufungsgericht geht davon aus, dass ein Erwerber einer Eigentumswohnung den Vertrag, in dem hinsichtlich der Schalldämmung auf die DIN 4109 Bezug genommen worden ist, in der Regel dahin verstehen muss, dass die Mindestanforderungen dieser Norm gemeint sind. Von dieser Regel will es offenbar eine Ausnahme nur zulassen, wenn eine besonders exklusive Wohnung erworben wird oder der Vertrag Rückschlüsse darauf zulässt, dass eine besonders hochwertige Schalldämmung hergestellt werden soll. Dieser Ansatz ist verfehlt. Welchen Schallschutz die Parteien eines Vertrages über den Erwerb einer Eigentumswohnung vereinbart haben, richtet sich in erster Linie nach der im Vertrag getroffenen Vereinbarung. Der Senat hat in seinem nach Erlass des Berufungsurteils veröffentlichten Urteil vom 14. Juni 2007 (...) darauf hingewiesen, dass insoweit die im Vertrag zum Ausdruck gebrachten Vorstellungen von der Qualität des Schallschutzes, also der Beeinträchtigung durch Geräusche, maßgeblich sind. Vorzunehmen ist eine Gesamtabwägung, in die nicht nur der Vertragstext einzubeziehen ist, sondern auch die erläuternden und präzisierenden Erklärungen der Vertragsparteien, die sonstigen vertragsbegleitenden Umstände, die konkreten Verhältnissen des Bauwerks und seines Umfeldes, der qualitative Zuschnitt, der architektonische Anspruch

41 Näher dazu: *Kniffka*, in: *Kniffka/Koeble*, Kompendium des Baurechts, 6. Teil Rdnr. 35; *Kniffka*, in: *Kniffka*, ibr-online-Kommentar Bauvertragsrecht 2017 (Stand: 21.08.2017), § 633 Rdnr. 34 – jeweils m.w.N.; vgl. auch: BGH – VII ZR 65/14, NJW 2018, 391 Rdnr. 27 f.

42 BGH – VII ZR 65/14, NJW 2018, 391 (amtl. Leitsätze 1, 2a, 2b i.V.m. Rdnr. 25 ff.).

43 OLG Frankfurt – 17 U 82/80, NJW 1983, 456 ff. Kritisch hierzu: *Jagenburg*, NJW 1982, 2412 (2415).

44 BGH – VII ZR 54/07, BauR 2009, 1288 ff. = IBR 2009, 447 ff. mit Anm. *Seibel*.

und die Zweckbestimmung des Gebäudes zu berücksichtigen sind (BGH, Urteil vom 14. Juni 2007 - VII ZR 45/06, aaO). Der Senat hat auch darauf hingewiesen, dass der Erwerber einer Wohnung oder Doppelhaushälfte mit üblichen Komfort- und Qualitätsansprüchen in der Regel einen diesem Wohnraum entsprechenden Schallschutz erwarten darf und sich dieser Schallschutz nicht aus den Schalldämm-Maßen nach DIN 4109 ergibt. Denn die Anforderungen der DIN 4109 sollen nach ihrer in Ziffer 1 zum Ausdruck gebrachten Zweckbestimmung Menschen in Aufenthaltsräumen lediglich vor unzumutbaren Belästigungen durch Schallübertragung schützen. Das entspricht in der Regel nicht einem üblichen Qualitäts- und Komfortstandard. Der Senat hat ferner darauf hingewiesen, dass die Schallschutzanforderungen der DIN 4109 hinsichtlich der Einhaltung der Schalldämm-Maße nur insoweit anerkannte Regeln der Technik darstellen, als es um die Abschirmung von unzumutbaren Belästigungen geht. Soweit weitergehende Schallschutzanforderungen an Bauwerke gestellt werden, wie z. B. die Einhaltung eines üblichen Komfortstandards oder eines Zustandes, in dem die Bewohner »im Allgemeinen Ruhe finden«, sind die Schalldämm-Maße der DIN 4109 von vornherein nicht geeignet, als anerkannte Regeln der Technik zu gelten. Insoweit können aus den Regelwerken die Schallschutzstufen II und III der VDI-Richtlinie 4100 aus dem Jahre 1994 oder das Beiblatt 2 zur DIN 4109 Anhaltspunkte liefern. Diese Erwägungen gelten nicht nur dann, wenn die Parteien keine ausdrücklichen Vereinbarungen zum Schallschutz getroffen haben, sondern grundsätzlich auch dann, wenn sie hinsichtlich der Schalldämmung auf die DIN 4109 Bezug nehmen, wie das im zu beurteilenden Fall bezüglich der Trittschalldämmung geschehen ist. Denn auch in diesem Fall hat eine Gesamtabwägung stattzufinden, bei der die gesamten Umstände des Vertrages zu berücksichtigen sind. Der Umstand, dass im Vertrag auf eine Schalldämmung nach DIN 4109 Bezug genommen wird, lässt schon deshalb nicht die Annahme zu, es seien die Mindestanforderungen der DIN 4109 vereinbart, weil diese Werte in der Regel keine anerkannten Regeln der Technik für die Herstellung des Schallschutzes in Wohnungen sind, die üblichen Qualitäts- und Komfortstandards genügen (LG München I, IBR 2008, 727, mit Volltext in www.ibr-online.de). Der Erwerber kann ungeachtet der sonstigen Vereinbarungen grundsätzlich erwarten, dass der Veräußerer einer noch zu errichtenden Eigentumswohnung den Schallschutz nach den zur Zeit der Abnahme geltenden anerkannten Regeln der Technik herstellt (BGH, Urteil vom 14. Mai 1998 - VII ZR 184/97, BGHZ 139, 16, 18). Das hat auch die Beklagte in der Baubeschreibung unter dem Stichwort »Grundlagen der Planung und Ausführung« versprochen. Den Hinweis auf die DIN 4109 muss der Erwerber nicht dahin verstehen, der Unternehmer wolle davon abweichen. Vielmehr ist der Verweis auf die DIN 4109 redlicherweise lediglich dahin zu verstehen, dass ein diesem Normwerk entsprechender Schallschutz versprochen wird, soweit die DIN 4109 anerkannte Regel der Technik ist. Will ein Unternehmer von den anerkannten Regeln der Technik abweichen, darf der Erwerber über den Hinweis auf die DIN 4109 hinaus eine entsprechende Aufklärung erwarten, die ihm mit aller Klarheit verdeutlicht, dass die Mindestanforderungen der DIN 4109 nicht mehr den anerkannten Regeln der Technik entsprechen, der Erwerber also einen Schallschutz erhält, der deutlich unter den Anforderungen liegt, die er für seine Wohnung erwarten darf (vgl. BGH, Urteil vom 16. Juli 1998 - VII ZR 350/96, BGHZ 139, 244; Urteil vom 9. Juni 1996 - VII ZR 181/93, BauR 1996, 732 = ZfBR 1996, 264; Urteil vom 17. Mai 1984 - VII ZR 169/82, BGHZ 91, 206; Kögl, BauR 2009, 156 f.). Darüber hinaus können die sich aus den sonstigen Umständen des Vertrages ergebenden Anforderungen an den vertraglich vereinbarten Schallschutz nicht durch einen einfachen Hinweis auf die DIN 4109 überspielt werden. Die Gesamtabwägung wird vielmehr regelmäßig ergeben, dass der Erwerber ungeachtet der anerkannten Regeln der Technik einen den Qualitäts- und Komfortstandards seiner Wohnung entsprechenden Schallschutz erwarten darf. In der Regel hat der Erwerber keine Vorstellung, was sich hinter den Schalldämm-Maßen der DIN 4109 verbirgt, sondern allenfalls darüber, in welchem Maße er Geräuschbelästigungen ausgesetzt ist oder in Ruhe wohnen kann bzw. sein eigenes Verhalten nicht einschränken muss, um Vertraulichkeit zu wahren (BGH, Urteil vom 14. Juni 2007 - VII ZR 45/06, aaO). Kann der Erwerber nach den Umständen erwarten, dass die Wohnung in Bezug auf den Schallschutz üblichen Qualitäts- und Komfortstandards entspricht, dann muss der Unternehmer, der hiervon vertraglich abweichen will, deutlich hierauf hinweisen und den Erwerber über die Folgen einer solchen Bauweise für die Wohnqualität aufklären. Auch insoweit kann dem nicht näher erläuterten Hinweis auf die DIN 4109 nur untergeordnete Bedeutung zukommen (vgl. auch OLG Stuttgart, BauR 1977, 279; OLG Nürnberg, BauR 1989, 740). Da zu den bei der Vertragsauslegung zu berücksichtigenden Umständen auch gehört, welcher Schallschutz nach den die anerkannten Regeln der Technik einzuhaltenden Bauweisen erbracht werden kann (BGH, Urteil vom 14. Juni 2007 - VII ZR 45/06, aaO), kann sich im Einzelfall etwas anderes z. B. dann ergeben, wenn höhere Schalldämm-Maße als nach der DIN 4109 wegen der Besonderheiten der Bauweise nicht oder nur mit ungewöhnlich hohen Schwierigkeiten eingehal-

ten werden können. Die auf der fehlerhaften Auslegung des vertraglich geschuldeten Schallschutzes beruhende Abweisung der Klage kann daher nicht aufrechterhalten bleiben. Das Berufungsurteil ist aufzuheben und die Sache an das Berufungsgericht zurückzuverweisen. Für die neue Verhandlung weist der Senat auf Folgendes hin: Das Berufungsgericht muss die Vertragsauslegung nach den vorgenannten Kriterien erneut vornehmen. Maßgeblich ist, ob die Wohnung den üblichen Qualitäts- und Komfortstandards genügen sollte. Einen »herausgehobenen, exklusiven Eindruck« muss eine Wohnung nicht vermitteln, um als den üblichen Ansprüchen genügende Komfortwohnung einen Schallschutz über den Mindestanforderungen der DIN 4109 erwarten zu lassen. Der Sachverständige G. spricht sowohl im Gutachten vom 14. Juli 2004 als auch in seinem Schreiben vom 14. September 2004 von »hohem Wohnstandard« und bestätigt dies in seiner mündlichen Anhörung vor dem Berufungsgericht vom 13. Februar 2007. Die Baubeschreibung spricht an verschiedenen Stellen von »gehobener Ausstattung«, »neuestem Stand«, »repräsentativer Konstruktion«, »hochwertiger Anlage«. Treppen und Treppenhäuser werden »akustisch entkoppelt« und erhalten einen »hochwertigen Steinbelag«. Die Wohnungseingangstüren werden in »schalldichter behindertengerechter Ausführung« beschrieben. Die Ver- und Entsorgungsleitungen werden »gegen Schallübertragung und Wärmeverlust isoliert«. Die Rede ist von »geräuscharmen Spülkästen und Abluftanlagen«. Die Werbeprospekte preisen die Anlage als »Wohnpark City E.«, als »Wohn- und Geschäftsresidenz« an, als »ehrgeiziges Bauvorhaben, das sich von allen Seiten sehen lassen kann«, mit »unverwechselbarer Architektur« und »lichtdurchfluteten Wohnungen«. Der Kaufpreis der klägerischen Wohnung betrug 1996 583.000 DM für eine 110 qm große Maisonettenwohnung. Die Auslegung des Berufungsgerichts, damit sei kein exklusiver Standard vereinbart, muss mangels einer rechtzeitigen Rüge vom Senat hingenommen werden. Das Berufungsgericht wird seine Auffassung in der neuen Verhandlung jedoch prüfen und jedenfalls erwägen müssen, ob ein üblicher Komfort- und Qualitätsstandard vereinbart ist. Daran können keine ernsthaften Zweifel bestehen. Das Berufungsgericht wird deshalb auch zu prüfen haben, welcher Schallschutz für eine solche Wohnung vereinbart ist. Im Hinblick darauf, dass die Schallschutzwerte der VDI-Richtlinie 4100 für übliche Komfortwohnungen und die erhöhten Werte der DIN 4109 Beiblatt 2 offenbar identisch sind, gibt es deutliche Anhaltspunkte, dass jedenfalls diese Schallschutzwerte auch vereinbart sind. Das Berufungsgericht wird bei der Ermittlung des geschuldeten Schallschutzes auch berücksichtigen müssen, dass bei gleichwertigen, anerkannten Bauweisen der Besteller angesichts der hohen Bedeutung des Schallschutzes im modernen Haus- und Wohnungsbau erwarten darf, dass der Unternehmer jedenfalls dann diejenige Bauweise wählt, die den besseren Schallschutz erbringt, wenn sie ohne nennenswerten Mehraufwand möglich ist. Ist eine Bauweise nicht vereinbart worden, so kann der Bauunternehmer sich zudem nicht auf Mindestanforderungen nach DIN 4109 zurückziehen, wenn die von ihm gewählte Bauweise bei einwandfreier Ausführung höhere Schalldämm-Maße ergibt (BGH, Urteil vom 14. Juni 2007 - VII ZR 45/06, aaO Tz. 29; vgl. dazu auch Locher-Weiß, Rechtliche Probleme des Schallschutzes, 4. Aufl., S. 30).«

Die Entscheidung des BGH vom 04.06.2009 ist erfreulich klar und unmissverständlich. Ihr ist hinsichtlich der Ausführungen zum vertraglich geschuldeten Schallschutz uneingeschränkt zuzustimmen.

Die Anforderungen der DIN 4109 werden schon nach dieser Vorschrift selbst als **Mindestanforderungen an den Schallschutz im Hochbau** bezeichnet. Zweckrichtung dieser Vorschrift ist nach ihrer Ziffer 1. der Schutz von Menschen in Aufenthaltsräumen vor unzumutbaren Belästigungen. Schon danach ist klar, dass die DIN 4109 eine im modernen Wohnungsbau übliche Schallschutzqualität nicht konkretisieren kann. Bei der Präzisierung der »allgemein anerkannten Regeln der Technik« kann sie somit nicht weiterhelfen.

Nun stellt sich die Frage, welche rechtlichen Konsequenzen eintreten, wenn **im Bauvertrag ausdrücklich »Schalldämmung nach DIN 4109« vereinbart** wurde. Greift man im Rahmen der Mängelbeurteilung zunächst auf § 633 Abs. 2 Satz 1 BGB zurück, müsste man eigentlich zu dem Ergebnis gelangen, dass in diesem Fall mit dem Einhalten der Schalldämm-Maße nach DIN 4109 die vertraglich ausdrücklich vereinbarte Beschaffenheit eingehalten wurde und somit kein Baumangel vorliegen kann. Weit gefehlt: In seiner Entscheidung vom 04.06.2009 wies der BGH vollkommen zu Recht darauf hin, dass neben der ausdrücklichen vertraglichen Beschaffenheitsvereinbarung grundsätzlich immer auch die »allgemein anerkannten Regeln der Technik« einzuhalten sind. Für den VOB/B-Vertrag folgt das direkt aus dem Wortlaut von § 13 Abs. 1 Satz 2 VOB/B; dies gilt unter Berücksichtigung des Gesetzgeberwillens jedoch unzweifelhaft auch für den BGB-Vertrag.[45] Unabhängig von dem Vertragswortlaut hat der Unternehmer damit grundsätzlich immer auch die »allgemein anerkannten Regeln der Technik« zu beachten. Ungeachtet dessen erweist sich die Ermittlung des vertraglich geschuldeten Schallschutzes stumpf nur nach dem Wortlaut der Baubeschreibung etc. schon deswegen als untauglich, weil insofern natürlich – wie bei anderen Verträgen auch – die Begleitumstände in die Auslegung des Vertrages mit einbezogen werden müssen. Mit anderen Worten: Der im Vertrag zum Ausdruck gebrachte Erklärungsgehalt muss anhand der Begleitumstände des Einzelfalles sachgerecht nach dem objektiven Empfängerhorizont (§§ 133, 157 BGB) ausgelegt werden.

Kaum nachvollziehbar ist dabei, dass der 21. Zivilsenat des OLG Hamm (als Vorinstanz der BGH-Entscheidung vom 04.06.2009) den Erwerbern der Wohnung in seiner Entscheidung vom 13.02.2007[46] einfach unterstellte, diese hätten den vertraglichen Hinweis »Schalldämmung nach DIN 4109« als Verweis auf die Mindestanforderungen der DIN verstehen müssen. Einerseits ist – wie der BGH in seinem die Entscheidung des OLG Hamm aufhebenden Urteil vom 04.06.2009 überzeugend ausführt – regelmäßig davon auszugehen, dass der Erwerber einer Wohnung keinerlei Vorstellung von den Schalldämm-Maßen der DIN 4109 und deren praktischer Bedeutung hat. Vielmehr verfügt der Bauunternehmer gegenüber dem Besteller/Erwerber über die überlegene Sachkunde. Den vertraglichen Hinweis auf die DIN 4109 muss ein Erwerber daher nicht ohne weiteres dahin verstehen, der Unternehmer wolle negativ von den »allgemein anerkannten Regeln der Technik« abweichen. Der Verweis auf die DIN 4109 ist redlicherweise allein dahin zu verstehen, dass ein diesem Normwerk entsprechender Schallschutz versprochen wird, *soweit* die DIN 4109 anerkannte Regel der Technik ist. Das OLG Hamm hatte auch keinerlei Anhaltspunkte dafür, davon auszugehen, die Erwerber hätten über besondere technische Kenntnisse in diesem Bereich verfügt oder hätten sich mit einer qualitativ minderwertigeren Ausführung als der allgemein üblichen zufriedengeben wollen. Weiterhin ist zu beachten, dass in der Baubeschreibung an verschiedenen Stellen von »gehobener Ausstattung«, »neuestem Stand«, »repräsentativer Konstruktion«, »hochwertiger Anlage« etc. und damit von einer qualitativ hochwertigen Ausführung die Rede war. Wieso sollte der Schallschutz dann nur entsprechend der DIN 4109 und damit unterhalb der »allgemein anerkannten Regeln der Technik« auszuführen gewesen sein?

Wollte man der Entscheidung des OLG Hamm vom 13.02.2007 folgen, hätte dies zudem die Folge, dass sich Bauunternehmer allein durch einen bloßen Hinweis im Bauvertrag ihrer Verpflichtung zum Einhalten der »allgemein anerkannten Regeln der Technik« entziehen könnten – dieses Ergebnis überzeugt nicht! Gerade unter Berücksichtigung der in technischer Hinsicht regelmäßig bestehenden fachlichen Disparität zwischen Bauunternehmer und Bauherr.

Der BGH wies in seiner Entscheidung vom 04.06.2009 auf einen wichtigen Grundsatz hin, der an dieser Stelle noch einmal deutlich herausgestellt werden soll:

> *Ein Bauunternehmer, der von den »allgemein anerkannten Regeln der Technik« vertraglich abweichen will, muss den Auftraggeber deutlich hierauf hinweisen und ihn über die Folgen einer solchen Bauweise aufklären.*

Diesen Grundsatz hat der BGH neulich auch noch einmal wiederholt.[47] Die Möglichkeit des Unterschreitens der »allgemein anerkannten Regeln der Technik« im Bauvertrag darf jedoch nicht vorschnell verallgemeinert werden.[48]

2. OLG Stuttgart, Urteil v. 17.10.2011 – 5 U 43/11[49]

Eine Ausnahme von dem gerade dargestellten Grundsatz hat das OLG Stuttgart in seinem Urteil vom 17.10.2011 erkannt. Dem lag der Sachverhalt zugrunde, dass eine Bauträgerin (Klägerin) mehrere Architekten (Beklagte) mit der Planung u. a. von Reihenhäusern beauftragte. Im Architektenvertrag war u. a. geregelt, dass die Architekten das Projekt nach den Regeln der Baukunst ausführen sollten. Außerdem hatten sie für die Käufer der Häuser eine Baubeschreibung zu erstellen, wobei die Bauträgerin ihnen hierfür ein Konzept zur Verfügung stellte. Hinsichtlich des Schallschutzes waren in der für die Häuser erstellten Baubeschreibung folgende Formulierungen enthalten: »Schallisolierung nach DIN 4109«

45 Siehe: BT-Drucks. 14/6040, S. 261 (linke Spalte unten), sowie *Kniffka*, in: *Kniffka/Koeble*, Kompendium des Baurechts, 6. Teil Rdnr. 31, 35.

46 OLG Hamm – 21 U 1/06, juris. Dazu: *Seibel*, Der Bausachverständige 2/2010, 67 ff.

47 Siehe: BGH – VII ZR 209/11, BauR 2013, 624 Rdnr. 23.

48 Ausführlich dazu: *Seibel*, ZfBR 2010, 217 ff.

49 OLG Stuttgart – 5 U 43/11, BauR 2012, 302 (Ls.) = NJW 2012, 539 ff. = NZBau 2012, 179 ff.

sowie »Die Reihenhaustrennwände werden zur besseren Schallisolierung in Stahlbeton hergestellt.« Da die Trennwände später einschalig ausgeführt wurden, nahm die Bauträgerin die Architekten wegen fehlerhafter Planung (Schallmängeln) auf Schadensersatz in Anspruch. Dies hat das OLG Stuttgart mit folgender Begründung abgelehnt:

»... scheidet im Streitfall ein Planungsfehler der Beklagten aus. Denn die Klägerin hat den Beklagten ausdrücklich die Anweisung zu einer einschaligen Planung erteilt, die damit Vertragsinhalt wurde. Selbst wenn eine einschalige Bauausführung zum Zeitpunkt der Planung der Beklagten bereits nicht mehr den allgemein anerkannten Regeln der Technik entsprochen haben sollte, scheidet eine Mängelhaftung der Beklagten aus, da diese Bauausführung von der Klägerin als Vertragssoll so vorgegeben war. Diese Anweisung der Klägerin geht dabei der allgemeinen vertraglichen Verpflichtung der Beklagten nach Ziff. 4, das Projekt "nach den Regeln der Baukunst ... auszuführen«, vor. ... Die einschalige Bauausführung war eine bewusste Entscheidung der Geschäftsleitung der Klägerin. Auf dieser Grundlage hat die Klägerin die Kaufpreise gegenüber den Erwerbern kalkuliert. Der Zeuge ... hat bestätigt ..., dass es zwischen allen Beteiligten klar war, dass die Reihenhäuser so wie bisher, nämlich einschalig wie bei den vorangegangenen Bauvorhaben ... und einem weiteren Bauvorhaben ..., zu planen waren. Die Frage, wie mit einschaligen Haustrennwänden der Schallschutz zu gewährleisten sei, wurde ausdrücklich zwischen der Klägerin, dem Beklagten Ziff. 2, dem Ingenieurbüro ... und dem Ingenieurbüro ... diskutiert ... . Entsprechend hat sich die Klägerin ... bereits beim Bauvorhaben ... beim Bauphysiker ..., beim Statiker ... und auch beim Beklagten Ziff. 2 ausdrücklich rückversichert, welchen Mindestquerschnitt die Haustrennwand haben muss, um den Mindestschallschutz nach DIN 4109 zu erreichen ... . Die Klägerin ließ dabei anfragen, ob es ausreiche, die Trennwände in Stahlbeton mit einer Stärke von lediglich 24 cm zu erstellen. Die Klägerin wurde vom Ingenieurbüro ... daraufhin darüber informiert, dass mit 24 cm dicken Wänden der Schallschutznachweis – bezogen auf die Anforderungen der DIN 4109 – nicht geführt werden könne. ... Dem Geschäftsführer der Klägerin war es damit nach allem klar, dass die einschalige Bauausführung gerade im Hinblick auf den Schallschutz problematisch sein kann. ... Die Klägerin als Bauherrin hat sich damit bewusst dafür entschieden, die Häuser nur einschalig zu bauen und damit nur den Mindestschallschutz nach DIN 4109 zu gewährleisten. Dies war für die Beklagten verbindliche Planungsvorgabe. ... Eine Verpflichtung der Beklagten, die Klägerin darüber aufzuklären, dass bei Reihenhäusern ein höherer, über die DIN 4109 hinausgehender Schallschutz normal ist, der nur durch Zweischaligkeit erzielt werden kann, bestand angesichts der eindeutigen Planungsvorgabe der Klägerin nicht.«

Konsequent formulierte das OLG Stuttgart folgenden **Leitsatz** zu diesem Urteil:

»Ein Bauträger kann den mit der Planung von Reihenhäusern beauftragten Architekten nicht wegen Fehlplanung mit der Begründung in Haftung nehmen, das Bauwerk entspreche hinsichtlich des Schallschutzes – trotz Einhaltung der DIN 4109 – nicht dem Stand der Technik, da eine einschalige statt einer doppelschaligen Bauweise geplant worden sei, wenn er vom Fach ist und dem Architekten auf Augenhöhe gegenübersteht und die einschalige Bauweise nach Einschaltung von Schallschutzgutachtern gezielt von ihm aufgrund einer bewussten Entscheidung angeordnet worden ist und er schon vor Erstellung der Planung die Kaufpreise entsprechend verbindlich kalkuliert hat.«

Vorstehende Ausführungen des OLG Stuttgart geben Anlass zu folgenden Hinweisen:

Ein **Unterschreiten des Mindeststandards »allgemein anerkannte Regeln der Technik«** durch den Unternehmer **muss die Ausnahme bleiben** und kommt grundsätzlich nur bei einem *umfassenden, fehlerfreien Hinweis auf sämtliche Folgen* in Betracht. Dabei muss der Unternehmer in diesem Hinweis die Unterschiede der späteren Bauausführung im Vergleich zur allgemein üblichen verständlich erklären und die Auswirkungen dieser Bauweise für die Wohnqualität darlegen. Willigt der Auftraggeber dann – trotz Kenntnis der Folgen – in das negative Abweichen von der allgemein üblichen Beschaffenheit ein, ist dies seine *privatautonom* getroffene Entscheidung, an der er sich später grundsätzlich festhalten lassen muss. An die Aufklärung durch den Unternehmer sind jedoch hohe Anforderungen zu stellen, weshalb von diesem Vorgehen grundsätzlich nur abgeraten werden kann.[50]

Diese Grundsätze können anders zu beurteilen sein, wenn der Vertragspartner des Unternehmers kein »normaler« (technisch unkundiger), sondern ein

50 Dazu: *Seibel*, Baumängel und anerkannte Regeln der Technik, Rdnr. 223 ff.; *Seibel*, IBR 2009, 448.

technisch versierter Auftraggeber ist – etwa ein Bauträger, der regelmäßig Bauvorhaben verwirklicht und um die besonderen Probleme z. B. im Bereich des Schallschutzes weiß.[51] Ein solcher Auftraggeber verdient sicherlich weniger Schutz als ein privater Bauherr, der oft nur einmal in seinem Leben baut und in technischen Dingen völlig unerfahren ist. Sollte der Bauunternehmer also einen Vertrag mit einem erfahrenen Auftraggeber schließen, mag der bloße Hinweis auf eine technische Vorschrift genügen, um die darin verkörperten Anforderungen zur vertraglichen Beschaffenheit werden zu lassen. Dies wird in die vom BGH geforderte Gesamtabwägung mit einzubeziehen sein, was das OLG Stuttgart in seiner Entscheidung getan hat.

An dieser Stelle ist jedoch noch einmal deutlich zu betonen, dass es sich bei der Entscheidung des OLG Stuttgart um eine Ausnahme- bzw. Sonderkonstellation handelt, die nicht mit dem vom BGH am 04.06.2009 entschiedenen Sachverhalt vergleichbar ist.

3. Vertiefungsfall zur Sanierung: OLG Brandenburg, Urteil v. 13.02.2014 – 12 U 133/13[52]

Auftrag zur Abdichtung des Kellers gegen Feuchtigkeit = Trockenlegung des Kellers geschuldet!

a) Sachverhalt

Nach Durchführung einer Schadensanalyse zur »Mauerwerkstrockenlegung« durch die Auftragnehmerin (AN) beauftragte der Auftraggeber (AG) diese mit der Kellerabdichtung zum Festpreis von 3.880,- € brutto. Im Vertrag ist die Ausführung der Abdichtung detailliert beschrieben (Horizontalsperren im Injektionsverfahren mit zusätzlicher Dichtungsschlämme). Im Beiblatt des Vertrages heißt es u. a.: »*... haben Sie damit für Ihr Haus die optimalste Lösung gewählt, die Ihnen höchste Qualität, absolute Sicherheit und lange Funktion ... garantiert. Diese ... Vorteile bietet Ihnen die (Beklagte) mit ihrer Verfahrenstechnik: ... Uneingeschränkte 30-Jahres-Garantie mit schriftlicher Urkunde auf Material, Ausführung und Dichtigkeit mit Geld-Zurück-Garantie.*« Nach Ausführung der Arbeiten drang u.a. im Bereich der Kellertreppe (erneut) Feuchtigkeit ein. Da die AN eine Verantwortlichkeit für den Wassereintritt bestritt, führte der AG ein selbständiges Beweisverfahren durch und erhob im Anschluss Klage auf Schadensersatz (21.000,- €). Das Landgericht wies die Klage mit der Begründung ab, der AG habe nicht bewiesen, dass die AN einen trockenen Keller schulde. Dagegen legt der AG Berufung ein.

b) Entscheidung

Die Berufung hat teilweise Erfolg. Das OLG Brandenburg führt aus, die AN sei schon nach dem unstreitigen Vorbringen zum Schadensersatz verpflichtet. Die Abdichtung des Kellers entspreche nicht der vereinbarten Beschaffenheit (§ 633 Abs. 2 Satz 1 BGB). Welche Beschaffenheit eines Werkes die Parteien vereinbart hätten, ergebe sich aus der Auslegung des Werkvertrages. Zur vereinbarten Beschaffenheit gehörten alle Eigenschaften eines Werkes, die nach der Vereinbarung der Parteien den vertraglich geschuldeten Erfolg herbeiführen sollten. Dieser Erfolg bestimme sich nicht allein nach der zu seiner Erreichung vereinbarten Leistung oder Ausführungsart, sondern auch danach, welche Funktion das Werk nach dem Willen der Parteien erfüllen solle (BGH, IBR 2008, 77 ff. [»Blockheizkraftwerk«]). Nach dem unstreitigen Sachvortrag schulde die AN dem AG zwar nur eine bestimmte Ausführungsart der Kellerabdichtung, aber zugleich eine dauerhafte Trockenlegung des Kellers als Leistungserfolg. So sei der Werkvertrag gemäß §§ 133, 157 BGB auszulegen. Damit stehe ein Werkmangel fest. Eine Haftung der AN entfiele nur, wenn sie darlegen und beweisen könne, den AG hinreichend darüber aufgeklärt zu haben, dass das von ihr vertriebene Abdichtungssystem für die Trockenlegung des Kellers ungeeignet sei. Hierzu fehle jeder Beweisantritt. Versteckte Hinweise in den Vertragsformularen reichten zur Erfüllung der der AN obliegenden Bedenkenhinweispflicht nicht aus. Sie ließen nicht erkennen, dass der AG auch nach Durchführung der Abdichtungsarbeiten weiterhin mit Wassereinbrüchen rechnen müsse. Dem AG stehe Schadensersatz nur in Höhe von 4.280,- € zu (3.880,- € Rückzahlung des Werklohns zzgl. 400,- € Renovierung des Kellers), nicht hingegen in Höhe der geltend gemachten Kosten der Bauwerksdiagnostik und der Abdichtungsarbeiten (Sowieso-Kosten).

c) Kurze Stellungnahme und Diskussion

Die Auslegung der nach dem Inhalt des Werkvertrages vereinbarten Beschaffenheit ergibt hier zweifelsfrei, dass die Trockenlegung des Kellers geschuldet war. Hätte die AN nur für einen Abdichtungsversuch – mit ungewissem Ausgang – einstehen wollen, hätte sie das deutlich machen müssen. Stattdessen hat sie die Qualität ihres Abdichtungssystems besonders

51 Vgl.: *Kniffka*, in: *Kniffka*, Bauvertragsrecht, § 633 Rdnr. 31 m.w.N.

52 OLG Brandenburg – 12 U 133/13, IBR 2014, 264 mit Anm. *Seibel*.

hervorgehoben und die Dichtigkeit sogar 30 Jahre lang uneingeschränkt garantiert!

Fazit: Wird die Sanierung eines feuchten Kellers beauftragt, besteht der geschuldete funktionale Werkerfolg regelmäßig in der Trockenlegung des Kellers. Das hat z. B. auch das OLG Celle in seinem Urteil vom 16.05.2013 entschieden.[53]

Autor

Der Referent ist Vizepräsident des Landgerichts Siegen. Von Dezember 2010 bis Dezember 2013 war er wissenschaftlicher Mitarbeiter im u.a. für das Bau- und Architektenrecht zuständigen VII. Zivilsenat des Bundesgerichtshofs in Karlsruhe. Danach war er bis August 2015 beim Oberlandesgericht Hamm in einem Bausenat tätig. Sodann wurde er zum Vizepräsidenten des Landgerichts Siegen ernannt. Dort leitet er eine Baukammer.

Im Technik- sowie (öffentlichen und privaten) Baurecht ist er durch zahlreiche Buchveröffentlichungen, Aufsätze in Zeitschriften (u. a. BauR, BauSV, BrBp, DRiZ, IBR, IMR, MDR, NJW, Rpfleger, VersR, ZfBR), Vorträge und Seminarveranstaltungen bekannt. Er ist fortlaufend in der Richter-, Rechtsanwalts- und Sachverständigenfortbildung tätig. Zudem ist er Mitherausgeber der Zeitschrift »IBR Immobilien- & Baurecht« und ständiger Mitarbeiter der Zeitschriften »ZfBR - Zeitschrift für deutsches und internationales Bau- und Vergaberecht« und »Der Bausachverständige« (dort auch Mitglied des Beirates) sowie Autor bzw. (Mit-)Herausgeber folgender Werke:

- *Zöller*, Kommentar zur ZPO
(Mitautor ab der 32. Aufl. – Verlag Otto Schmidt)
- *Nicklisch/Weick/Jansen/Seibel*, Kommentar zur VOB/B
(5. Aufl., München 2019 – Verlag C.H.Beck)
- *Seibel*, Baumängel und anerkannte Regeln der Technik
(München 2009 – Verlag C.H.Beck)
- *Seibel*, ibr-online-Kommentar Selbständiges Beweisverfahren
(online seit 15.04.2010: www.ibr-online.de und www.beck-online.de)
- *Seibel*, Selbständiges Beweisverfahren – Kommentar zu §§ 485 bis 494a ZPO
unter besonderer Berücksichtigung des privaten Baurechts
(München 2013 – Verlag C.H.Beck)
- Baurechtliche und -technische Themensammlung
(Begründer und Mitherausgeber bis zu Heft 8; vormals: *Staudt/Seibel* und *Seibel/Zöller*; Heftsammlung, fortlaufend erweitert, Grundwerk: Köln/Stuttgart 2011 – Bundesanzeiger Verlag / Fraunhofer IRB Verlag)
- *Seibel u. a.*, Zwangsvollstreckungsrecht aktuell
(3. Aufl., Baden-Baden 2016 – Nomos Verlag; 4. Aufl. erscheint demnächst)
- *Siebert/Eichberger*, AnwaltFormulare Bau- und Architektenrecht,
dort: § 11 Zwangsvollstreckung
(3. Aufl., Bonn 2018 – Deutscher Anwaltverlag)
- *Staudt/Seibel*, Handbuch für den Bausachverständigen
(4. Aufl., Köln/Stuttgart 2018 – Bundesanzeiger Verlag / Fraunhofer IRB Verlag)

53 OLG Celle – 16 U 160/12, IBR 2014, 337 mit Anm. *Seibel*.

Schimmelinstandsetzung durch Abschottung von Innenräumen

Silke Sous, Thomas Warscheid, Matthias Zöller

Abstract: Das Nutzungsklassenkonzept des neuen Schimmelleitfadens des Umweltbundesamts lässt anstelle der Beseitigung von Schimmelpilzen innerhalb von Bauteilen oder in nicht genutzten Räumen auch Abschottungen gegenüber genutzten Innenräumen zu. Das Aachener Institut für Bauschadensforschung und angewandte Bauphysik (AIBau) untersucht zusammen mit LBW Bioconsult in einem Forschungsprojekt, ob bauübliche Materialien geeignet sind, Raumbereiche dauerhaft gegenüber genutzten Innenräumen abzuschotten.
Bauteilschichten, die nach dem zweistufigen Feuchtigkeitsschutz- beziehungsweise Abdichtungsprinzip konzipiert sind, werden bestimmungsgemäß und damit unvermeidbar feucht. Sind aber übliche Bauteile geeignet, durch Feuchtigkeit zu erwartenden mikrobiellen Bewuchses abzuhalten, um die Hygiene von genutzten Innenräumen zu gewährleisten? Sind diese auch geeignet, den nach einem Wasserschaden durch Feuchtigkeit in Bauteilen, z. B. unter Estrichen oder hinter Wandbekleidungen, zu erwartenden mikrobiellen Bewuchs von Innenräumen fernzuhalten? Können trotz Feuchtigkeit gesundheitliche Gefahren ausgeschlossen werden? Sind bei Verbleib von feuchten Bauteilen Geruchsbelästigungen in Innenräumen zu befürchten? Können durch Abschottungen in diesen Fällen unnötige Instandsetzungskosten vermieden werden?
Oder soll das betroffene Bauteil doch besser ausgetauscht werden, wenn die Schadensursache nicht zeitnah beseitigt und das betroffene Bauteil im Innern nicht getrocknet werden kann?

1 Bisherige Vorsorgeanforderungen in Schimmelpilzleitfäden

Die Schimmelpilzleitfäden des Umweltbundesamtes aus den Jahren 2002 und 2005 rieten zwar dazu, bei größerem Befall die Dringlichkeit von Maßnahmen durch Spezialisten beurteilen zu lassen. Als Kriterien wurden der jeweilige Gesundheitszustand der Bewohner, Ausmaß und Aktivität des Schimmelschadens, Schimmelpilzart sowie die Art und Weise der Raumnutzung angeführt. Die bisherigen Regelungen des Umweltbundesamtes sahen allerdings grundsätzlich vor, feuchte Bauteile auszutauschen, wenn sie nicht innerhalb kurzer Zeit getrocknet werden können. Deswegen wurden keine nach den Gebäudebereichen abgestuften Empfehlungen abgeleitet, oft wurden Bauteile abgebrochen und ausgetauscht, obwohl dies nicht immer notwendig war.

2 Neuer UBA-Schimmelleitfaden führt Raumklasse für abgeschottete Bereiche ein

Erstmals differenziert der Schimmelleitfaden 2017 [1] zwischen vier Nutzungsklassen.

- Klasse I stellt besondere Bedingungen an die Keimfreiheit, wie sie etwa in Krankenhäusern oder besonderen Produktionsstätten erforderlich sind. Diese Räume sind nicht Gegenstand des Leitfadens.
- Der Nutzungsklasse II sind übliche Wohnräume oder Räume mit ähnlichen Nutzungen, wie zum Beispiel Büros und Kindergärten, zugeordnet. In ihnen halten sich Menschen ohne besondere Disposition gegen eine mikrobielle Belastung über längere Zeiträume auf. Diese Räume müssen nicht keimfrei sein und können das auch nicht.

- Nutzungsklasse III beschreibt (reduzierte) Anforderungen an Räume, die nicht dem längeren Aufenthalt von Menschen dienen, etwa außerhalb und nicht im Raumluftverbund mit Wohnungen stehende Abstellräume.
- Nutzungsklasse IV sind Raumbereiche, die gegenüber Räumen der Nutzungsklasse II abgeschottet sind. Es ist aber sicherzustellen, dass sich eine mikrobielle Belastung, die in der Nutzungsklasse IV vorliegen darf, nicht in Räume ausweitet, die dem Aufenthalt von Menschen dienen.

Diese Differenzierung ist zu begrüßen, da umfassende Hygienemaßnahmen in Räumen sinnlos sind, die durch ihren bestimmungsgemäßen Gebrauch oder durch ihre Bauweise nicht die Hygieneanforderungen von Innenräumen erfüllen müssen. Die meisten Altbaukeller würden nach einer umfassenden Instandsetzung bereits kurze Zeit später wieder den gleichen Zustand aufweisen wie vor einem Schadenseintritt. Wenn dort nicht mit der gleichen Akribie gereinigt wird, hat dies tatsächlich keine negativen Folgen für den Nutzer.

Der überarbeitete Schimmelleitfaden des Umweltbundesamtes führt damit eine Raumklasse für abgeschottete Bereiche ein. Der Leitfaden gibt dazu vor, dass Abschottungen »geeignet« sein müssen, definiert aber keine weiteren Anforderungen. Der Entwurf des WTA-Merkblatts zu Schimmelpilzschäden sieht in einer dauerhaft partikel- und sporendichten Abschottung ebenfalls ein grundsätzlich geeignetes Instandsetzungsziel, ohne die Eigenschaften solcher Stoffe zu definieren.

3 Forschungsprojekt untersucht die Eignung von Abschottungen

Das Forschungsprojekt zu Abschottungen und Partikeldichtheit von Bauteilschichten [2] untersucht, welche (handels- und bauübliche) Stoffe bzw. Bauteile geeignet sind, Schimmelsporen von Innenräumen fernzuhalten.

3.1 Angaben zur Häufigkeit von Schimmelschäden in Bauteilen

Etwa 2.300 Sachverständige wurden nach der Häufigkeit von Schimmelpilzschäden, nach betroffenen Bereichen und nach Instandsetzungen innerhalb der letzten zehn Jahre befragt. Auf die Umfrage haben 251 Sachverständige (~ 11 %) geantwortet. 177 Sachverständige gaben an, dass sie in den letzten zehn Jahren Schimmelpilzschäden bearbeitet hatten. Da sich einige Sachverständige ständig mit der Begutachtung von Schimmelschäden beschäftigen, waren insgesamt etwa 15.000 Fälle, nicht selten 100 Fälle pro Umfrageteilnehmer, bearbeitet worden.

Am häufigsten sind Schichten in Fußbodenkonstruktionen und innerhalb leichter Wandkonstruktionen befallen. Seltener wurden von Schimmel befallene Dachhohlräume benannt.

3.2 Angaben zur Auswirkung bei Schimmel in Bauteilen auf Innenräume

In mehr als der Hälfte der Fälle haben die Teilnehmer der Umfrage berichtet, dass feuchte Bauteilschichten keine spürbaren Auswirkungen auf Innenräume haben. Dies trifft auf alle Bauweisen zu, bei denen Wasser in Bauteile eindringt und in diesen abgeleitet wird, die deswegen bestimmungsgemäß feucht sind. So kann in Außenwänden oder in Dachaufbauten Wasser durch Treibschnee oder Schlagregen hinter Fassadenbekleidungen oder unter Dacheindeckungen gelangen. Auch Fußbodenaufbauten in Innenräumen können bestimmungsgemäß feucht sein, die nach der ehemaligen DIN 18195-5, aber auch nach der aktuellen Norm für Innenraumabdichtungen DIN 18534 unterhalb des Fußbodenaufbaus abgedichtet werden. Dann wäre ein (wiederholter) Austausch feuchter Bauteilschichten selbstverständlich unsinnig.

3.3 Entfernung von Schimmelpilzen ohne Auswirkungen oder belassen?

Luftkeimmessungen wurden in mehr als der Hälfte der Fälle mit Schimmel mangels Auswirkungen auf Innenräume nicht durchgeführt. Trotz nicht vorhandener Auswirkungen wurden aber betroffene Bauteile häufig rückgebaut und ersetzt, weil der Aufwand durch Versicherer getragen wurde.

Weiterhin waren viele Nutzer der Meinung, dass Abschottungen, insbesondere bei hoher Schimmelpilzbelastung in Hohlräumen von Bauteilen, nicht ausreichend dauerhaft dicht herstellbar seien. Auch seien viele Nutzer durch eine teilweise überzogene Berichterstattung so sensibilisiert, dass sie Abschottungen nicht akzeptierten.

3.4 Erfahrungen mit Abschottungen – Fallbeispiele

Um die vorhandenen Wissenslücken zu schließen und die bisherige Praxis von bestimmungsgemäß feuchten Bauteilschichten zu evaluieren, waren Fälle zu untersuchen, bei denen die Ursachen für die Schimmelpilzbildungen beseitigt, die betroffenen Bauteile aber nicht ausgebaut, sondern »nur« gegenüber dem Innenraum abgeschottet wurden.

Die Sachverständigen haben berichtet, dass Schimmelpilze meistens innerhalb der ersten beiden Jahre nach Errichtung oder einer Umbaumaßnahme aufgefallen sind.

Bei neun Gebäuden blieb der bauliche Zustand trotz Schimmels unverändert. Bei den meisten dieser Fälle waren bereits Luftkeime gemessen worden, sodass keine weiteren Messungen notwendig waren.

Die im Folgenden vorgestellten Fälle zeigen beispielhaft, dass nicht immer »mit Kanonen auf Spatzen« geschossen werden muss, sondern Schimmelpilzschäden abgestuft behandelt werden können. Dazu sind sorgfältige Untersuchungen anzuraten, deren Ergebnisse nachvollziehbar dokumentiert werden sollten. Die Instandsetzungen sind in erster Linie unter dem Aspekt der Gefahrenabwehr entsprechend der jeweiligen Nutzungsklasse zu planen und auszuführen. Dabei sind die Anforderungen an die Raumnutzung zu berücksichtigen.

3.5 Fallbeispiel Instandsetzung unter Erhalt des Fußbodens

Ein leer stehendes Produktionsgebäude aus dem 19. Jahrhundert wurde zu einem Mehrfamilienwohnhaus umgenutzt. Auf die alte, nicht entfernte Dachabdichtung wurde ein Staffelgeschoss mit davorliegenden Dachterrassenflächen aufgestockt (Bild 1). Nach vier Jahren klagte die Bewohnerin im neuen Geschoss über gesundheitliche Probleme, die nach ärztlicher Untersuchung auf Schimmelpilze zurückzuführen waren.

Bild 1 Auf einem alten Flachdach wurde ein Staffelgeschoss aufgestockt. Die Bewohnerin klagte nach vier Jahren über gesundheitliche Probleme, die nach ärztlicher Diagnose auf Schimmelpilze zurückzuführen waren.

Messungen an den Oberflächen der Wände zum Bad ließen auf Feuchtigkeit in den Trockenbauwänden schließen (Bild 2). Zunächst wurden Fehler an der Abdichtung gegen das im Wohnungsbad anfallende Wasser als Ursache erwogen. Diese Vermutung bestätigte sich aber nicht. Nach dem Öffnen der Wandflächen kam in der Ständerwandkonstruktion massiver Schimmelpilzbefall zum Vorschein (Bild 3).

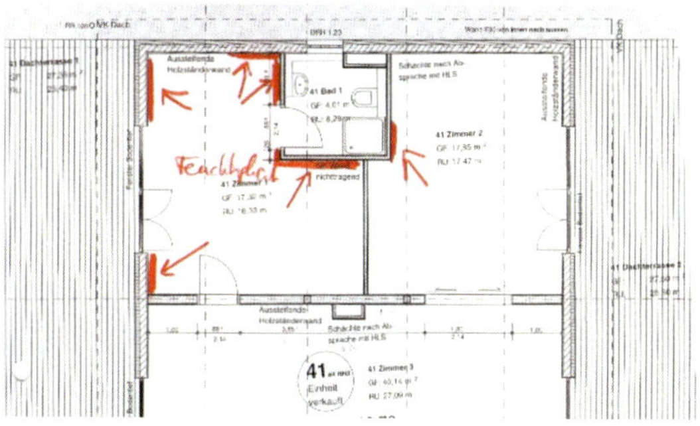

Bild 2 Die Untersuchung der Wohnung zeigte, dass vor allem in die Wände rund um das Badezimmer Feuchtigkeit eingedrungen war. Im Grundriss sind die festgestellten feuchten Stellen eingetragen.

Bild 3 Im Innenraum der betroffenen Gipskartonwände kamen nach dem Öffnen korrodierte Ständerwerke und Schimmelbefall zum Vorschein.

Das Wasser in den Wänden war aus der auf der Rückseite der Toilette abgehenden Abwasserleitung des WCs eingedrungen. Die Leitungen wurden offensichtlich bei der Montage der Trockenbauwände auseinander gedrückt. Dabei hatte sich eine Muffe geöffnet (Bild 4). So tropfte von Anfang an bei jedem Spülvorgang Wasser in die Trockenbauwand, gelangte auf die noch vorhandene alte Dachabdichtung, floss aufgrund der Dachneigung zum Glück nur in eine Richtung und wurde – unbemerkt von den Bewohnern – über die noch vorhandene und angeschlossene, alte Dachrinne abgeleitet.

Bild 4 Als Grund für die Feuchtigkeit in den Wandkonstruktionen wurde eine offene Muffe der WC-Abflussleitung festgestellt.

Nachdem die Ursache der Feuchtigkeit gefunden und das Ausmaß festgestellt war, wurde diskutiert, ob der Fußbodenaufbau ausgetauscht werden muss. Schließlich war er über vier Jahre von Wasser aus der Abflussleitung einer Toilette unterspült worden. Da die Eigentümerin und Nutzerin der Penthouse-Wohnung den Aufwand, die Umstände und den Schmutz fürchtete, wollte sie den Austausch des Fußbodenaufbaus vermeiden. Daher wurde von der Planung Abstand genommen, ohne Untersuchung den Fußbodenaufbau auszutauschen.

Um festzustellen, wie stark der Fußbodenaufbau tatsächlich belastet war, wurden Öffnungsstellen angelegt, aus denen unverzüglich Proben entnommen und sofort dicht verpackt wurden. Damit wurde eine Sekundärkontamination der Proben aus dem Estrich durch die hohe Keim- und Sporenkonzentration der Luft aus den befallenen Bereichen der Wände und damit eine Verfälschung des Ergebnisses vermieden. Zur Überraschung der Beteiligten zeigte der Fußbodenaufbau keine Auffälligkeiten! Offensichtlich war der Aufbau so stark alkalisch, dass sich kein mikrobieller Bewuchs bilden konnte. Es hatte sich also gelohnt, genauer hinzusehen.

Die beschriebenen Innenräume sind als Wohnräume der Nutzungsklasse II des UBA-Leitfadens zuzuordnen. Die von Schimmel befallenen Platten der Ständerwände wurden ausgetauscht. Um eine Kontamination der bis dahin nicht betroffenen Wohnbereiche während der Instandsetzung zu vermeiden, wurde das Schlafzimmer und Teilbereiche des Wohnraums, die gemeinsame Wände zum Badezimmer aufwiesen, als »Schwarzbereich« von den übrigen Wohnräumen getrennt und über die Terrassen zugänglich gemacht. Der Fußbodenaufbau verblieb, wodurch der Umfang der Instandsetzung reduziert und damit zeitlich erheblich verkürzt werden konnte. Zum Abschluss der Maßnahmen wurde die Wohnung fein gereinigt. Nach der Freimessung konnte die Bewohnerin die Wohnung wieder uneingeschränkt nutzen. Später teilte sie mit, dass sich die gesundheitlichen Probleme erledigt hätten.

3.6 Fallbeispiel Schulgebäude über Kriechkeller

In den 1970er-Jahren wurde ein Schulgebäude in Stahlleichtbauweise errichtet. Die Stahlskelettkonstruktion ist mit Holztafeln und innerer Wärmedämmung ausgefacht. Zwischen der Bodenplatte und dem Erdreich ist ein Kriechraum vorhanden (Bild 5/6). Der Fußbodenaufbau besteht aus unteren und raumzugewandten Holzspanplatten, die an den Holzträgern des Fußbodens befestigt sind. Der Hohlraum ist mit Mineralwolldämmung ausgefüllt.

Bild 5 Ein in den 1970er-Jahren errichtetes Schulgebäude in Stahlleichtbauweise weist zwischen der Bodenplatte zu den Klassenräumen im Erdgeschoss und dem Erdreich einen niedrigen Kriechraum auf.

Bild 6 Der Fußbodenaufbau besteht aus Holzträgern mit dazwischenliegender Wärmedämmung sowie jeweils einer unteren und oberen Spanplatte. Die Unterseite der unteren Bekleidung ist von Schimmelpilzen befallen.

Schüler und Lehrer beklagten Geruchsbelästigungen in den Klassenzimmern im Erdgeschoss. Messungen der Außen- und Innenraumluft ergaben für die Klassenräume eine merklich erhöhte Gesamtsporenkonzentration, deren Herkunft zunächst unklar war. Die Schimmelpilze im Erdgeschoss stammten von der Unterseite der unteren Holzspanplatte des Fußbodenaufbaus über dem Kriechraum. Dort konnte der Schimmel gut wachsen, weil der Hohlraum unterseitig vom Erdreich begrenzt ist und nach außen nicht wirksam belüftet war.

Neben der für Hölzer problematischen hohen Materialfeuchte fehlte die wirksame Abschottung zwischen dem Kriechraum und den Innenräumen, die nicht nur aus energetischen Gründen und zur Vermeidung von Zugerscheinungen erforderlich ist, sondern auch aus in diesem Fall hygienischen Gründen (Bild 7).

Bild 7 Auf der oberen Spanplatte ist nur ein Belag aufgeklebt. Wirksame luftdichtende Maßnahmen, die den Hohlraum unter der Schule von den Innenräumen der Klassenzimmer zuverlässig trennen, sind nicht vorhanden, sodass der Schimmelbefall im Kriechraum zu einer erhöhten Gesamtsporenkonzentration in den Klassenräumen des Erdgeschosses geführt hatte.

Innerhalb von Kriechräumen, die nicht von Menschen genutzt werden, stört ein mikrobieller Befall wenig. Diese Räume sind berechtigterweise der Nutzungsklasse IV zugeordnet, die dauerhaft wirksam von den Innenräumen abzutrennen sind.

Der Fußbodenaufbau musste nicht ausgetauscht werden. Stattdessen wurden Maßnahmen der Unterlüftung des Fußbodens – wie ursprünglich geplant – nachgeholt, um die Feuchtigkeitseinwirkung auf die Holzplatten zu reduzieren und damit deren Dauerhaftigkeit nicht zu gefährden. Einzelne, deutlich verschimmelte oder verformte Platten der unteren Lage wurden ausgetauscht. Damit konnten auch die Platten auf der Unterseite grundsätzlich erhalten werden, da diese einen ausreichenden Widerstand gegen die dann vorliegenden Feuchtigkeitsbedingungen aufwiesen.

Um Zugerscheinungen und den Eintrag von Luft aus dem Kriechraum in die Klassensäle zu vermeiden, wurde auf der Raumseite der Fußbodenbelag einschließlich aller Anschlüsse an die Wände überarbeitet. Dadurch wurde der Fußboden nach unten luftdicht abgeschlossen. Ein eventuell erneuter mikrobieller Befall kann sich so zukünftig nicht mehr in die Innenräume ausweiten.

3.7 Einführung der Nutzungsklasse IV ist zu begrüßen

Die Einführung der Nutzungsklasse IV im Schimmelleitfaden [1] ist zu begrüßen. Aus welchem Grund muss hier eine Trockenheit wie unter Wohnraumbedingungen sichergestellt werden? Dies ist unter den üblichen Nutzungsbedingungen nicht zu erwarten und auch nicht notwendig. Die Anforderung der Trockenheit beschränkt sich auf Raumbereiche, die bestimmungsgemäß trocken sein sollen. Bei dieser Festlegung ist zu bedenken, dass das nicht immer auf Außenbauteile und schon gar nicht auf viele Bauteile in Untergeschossen historischer Gebäude zutrifft.

4 Mikrobiologisch-hygienische Aspekte

Schimmel erregt den Verdacht, gefährlich für die Gesundheit zu sein. Flächiger Befall kann auch Ekel erregen. Bislang wurden deswegen Instandsetzungen empfohlen, Schimmelbefall auch innerhalb von Bauteilen »mit Stumpf und Stiel« auszurotten.
Validierte Daten für einen »mikrobiell-hygienischen, bauüblichen Gebäudezustand« existieren zurzeit aber nicht. Damit fehlt die Grundlage für rechtlich relevante Grenz- und Richtwerte. Als Abweichung vom »Üblichen« kann lediglich aktives, strukturiertes Schimmelpilzwachstum angesehen werden. So kann mikroskopisch eine (gegenüber einem »üblichen« Zustand) erhöhte Kontaminationen an Pilzsporen bzw. eines Schimmelpilzbewuchses auf Baustoffoberflächen nachgewiesen werden. Aber nur eine gegenüber einem »üblichen Zustand« einer Raumnutzung signifikant erhöhte Raum(luft)belastung mit Sporen und Partikeln ist entscheidend für einen mikrobiell bedingten Schaden in Nutzungsklasse II und, eingeschränkt, in Klasse III.
Die Wiederherstellung des jeweils bauüblichen, hygienischen Zustands nach Schimmelpilzschäden sollte auf keine auf der jeweils konkreten Schadensursache beruhenden Schimmelbelastung, auffälligen biogenen Raumluftbelastung, Geruchsbelästigung oder erhöhte Feuchtebelastung abzielen. Dazu sollte die jeweilige Schadensursache – wenn möglich und wenn sinnvoll – beseitigt werden [3]. Zu berücksichtigen sind dabei die Eigenschaften, die jeweils als üblicher Zustand vor einem Schadenseintritt vorgelegen haben. Selbstverständlich können vertragliche Vereinbarungen, etwa bei Ansprüchen gegenüber anderen, darüber hinausgehen. Wenn aber z. B. ein Altbaukeller, Schichten innerhalb eines Bauteilquerschnitts oder ein Fußbodenaufbau bauweisenbedingt feucht sind, wird das Ergebnis einer Trocknung nicht lange anhalten.

5 Medizinische Relevanz

Für die Diagnostik von individuellen Schimmelpilzerkrankungen sind die Ergebnisse mikrobiologischer Untersuchungen in Innenräumen häufig von untergeordneter Bedeutung. Schimmelpilzspezifische Krankheitssymptome können in der Regel nicht zugeordnet werden. Sie bedürften der medizinischen Differenzialdiagnose. Forderungen nach der (Wieder-)Herstellung eines »hygienisch unbedenklichen« Bauzustands gehen ins Leere, wenn dieser nicht beschrieben werden kann. [4]

6 Laboruntersuchungen

Nach der Befragung wurden im Rahmen der Forschungsarbeit [2] Simulations- und Laboruntersuchungen durchgeführt, um festzustellen, ob und gegebenenfalls in welchem Ausmaß übliche Baustoffe und Bauteilkonstruktionen für Schimmelpilzsporen und Hyphenfragmente durchlässig sind.

6.1 Versuchsaufbau

Die Messungen erfolgten in einer im Labor installierten und partikeldichten Doppelkammer (Bild 8 + 9): In eine der beiden Kammern (»Schwarzbereich«) wurden sporolierende Schimmelpilzkulturen einer Auswahl bauüblicher Spezies *(Penicillium chrysogenum, Chaetomium globosum, Aspergillus versicolor, Aspergillus niger sowie Rhizopus oligosporus)* eingebracht. In der anderen zuvor desinfizierend gereinigten Kammer (»Weißbereich«) wurde ein Luftkeimsammler (Holbach) mit Nährböden und Objektträgern aufgestellt, um durch Baustoffe bzw. Bauteilkonstruktionen dringende Pilzsporen und Hyphenfragmente in der »Raumluft« des Weißbereiches quantitativ auszuwerten.

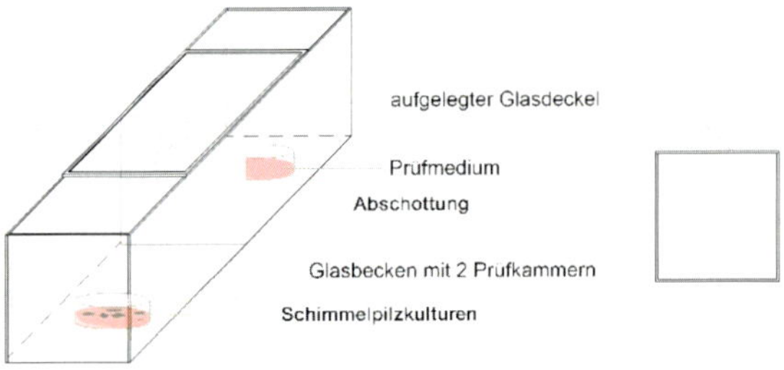

Bild 8 Versuchsaufbau zur Untersuchung der Durchlässigkeit von Baustoffen und Baukonstruktionen für Schimmelpilzsporen

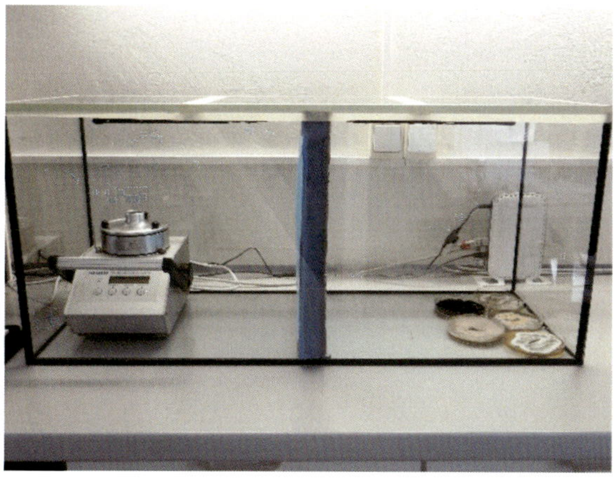

Bild 9 Laboreinrichtung zur Untersuchung der Durchlässigkeit von Baustoffen und Baukonstruktionen für Schimmelpilzsporen

Bild 10 Einbau einer Feuchtraumpaneele in die Prüfkammer

Zwischen den beiden Kammern wurden folgende, übliche Baustoffe auf Durchlässigkeit gegenüber Sporen und Partikeln untersucht:

- kartonkaschierte Gipsplatten ohne und mit Hydrophobierung (Feuchtraumpaneele, Bild 10) sowie faserverstärkte Gipsplatten,
- Holz (massiv und verleimte Querschnitte) und Holzwerkstoffe (Holzfaserplatte, Pressholz, Spanplatte und OSB-Platte),
- in Fußbodenaufbauten übliche Dämmstoffe (expandiertes und extrudiertes Polystyrol EPS und XPS), in Dach- bzw. Wandhohlräumen übliche Dämmungen (Steinwolle),
- mineralische Baustoffe (Zementestrich),
- diffussionshemmende Kunststofffolien.

Nach dieser ersten Reihe wurde untersucht, wie durchlässig eine Estrichrandfuge zwischen Kalksandstein und Beton ist

- mit und ohne Folienranddämmstreifen (Bild 11),
- mit und ohne Polystyrol bzw. Steinwolle als Estrichdämmung.

Bild 11 Einbau eines Estrichrandstreifens in die Prüfkammer

6.2 Versuchsdurchführung

In ersten Versuchsreihen wurden die Baustoffe bzw. -teile unter Ausschluss konvektiver Nebenwege geprüft. Deshalb wurden die Fugen zwischen den Prüfkörpern und den Kammerwandungen mit Fugenbändern abgedichtet.

Um Auswirkungen der Laborluft zu reduzieren, wurde während des Öffnens der Kammern im Labor ein HEPA-Raumluftwäscher (Filterklasse H 13) betrieben.

Das Raumklima während der Versuchsdurchführungen entsprach mit 20 °C und 50 – 60 % rel. Luftfeuchte etwa einem üblichen Wohnraumklima. Durch die eher trockene Umgebung konnten sich Sporen verteilen, in feuchterer Umgebung könnten sie das nicht. Jedes Bauteil wurde in der Kammer zwischen Schwarz- und Weißbereich sieben Tage lang im Ruhezustand belassen. Während dieser Zeit konnten Pilzsporen oder andere mikrobiell-organische Bestandteile nur durch Diffusionsvorgänge von der Schwarzkammer durch den Prüfkörper in die Weißkammer gelangen.

Anschließend wurden in der Schwarzkammer zwei Ventilatoren (Computerlüfter) für acht Stunden betrieben, um eine Luftströmung auf den Prüfkörper einwirken zu lassen.

Sowohl nach der ruhenden Phase (Passivmessung in Tabelle 1) als auch nach der Verwirbelung (Aktivmessung in Tabelle 1) wurden die durch den Prüfkörper dringenden, wachstumsfähigen Sporen und die Gesamtsporen einschl. Hyphenfragmenten mit dem Luftkeimsammler aufgenommen und ausgewertet. Darüber hinaus fanden stichprobenartig mikroskopische Analysen an Klebefilmpräparaten an einzelnen Bauteiloberflächen statt. Zur Validierung einer unvermeidbaren, geringfügigen Verschleppung von Pilzsporen beim Bedienen der Simulationsanlage wurde ein Leerversuch durchgeführt, bei dem in der Schwarzkammer keine sporolierenden Träger aufgestellt wurden. Dabei wurden bis zu 30 KBE/m³ und bis zu 50 Gesamtsporen/m³ festgestellt.

Tabelle 1 Ergebnisse der raumlufthygienischen Untersuchungen im Weißbereich nach passiver und aktiver Exposition

Baustoffe und Bauteilkonstruktionen	DG18-Agar [KBE/m³]		Malz-Agar [KBE/m³]		Gesamtsporen [Anzahl/m³]	
	passiv	**aktiviert**	**passiv**	**aktiviert**	**passiv**	**aktiviert**
XPS Hartschaumplatte	20	30	30	30	35	50
EPS Hartschaumplatte	10	10	20	10	15	15
Holzfaserplatte (Multiplex Birke)	0	10	10	10	10	15
Gipskarton	10	10	10	10	15	15
Gipsfaserplatte	10	10	20	20	15	15
OSB Grobspanplatte	20	10	0	10	10	10
Mitteldichte Holzfaserplatte MDF	10	20	10	10	15	15
Leimholz	10	0	0	20	15	10
Faserplatte (Pressholz)	20	20	10	20	15	10
Dampfsperrfolie	20	30	30	20	30	25
Feuchtraumpaneele	30	30	20	10	35	25
Zementestrich	30	30	40	20	35	25
Steinwolle	30	30	20	20	45	50
Estrichrandfuge (Zementestrich, Polystyrol, Foliendämmstreifen + Kalksandstein)	20	20	20	20	25	30
Estrichrandfuge – offen – (Zementestrich, MIT Polystyrol, OHNE Foliendämmstreifen und mit Kalksandstein)	160	290	120	190	225	315
Estrichrandfuge – offen – (2x Zementestrich, OHNE Polystyrol und OHNE Foliendämmstreifen und mit Kalksandstein)	810	2.980	690	3.070	1.160	3.985
Estrichrandfuge – offen – (Zementestrich, Mineralwolle, OHNE Foliendämmstreifen, mit Kalksandstein)	940	3.440	770	4.030	1.240	4.875

6.3 Ergebnisse der Laboruntersuchungen und baupraktische Relevanz

Der Grenzwert im Schwarzbereich betrug mehr als 5.000 KBE/m³ und eine vollständige, nicht zählbare Belegung der Glasträger mit Gesamtsporen.
Die Messungen im Weißbereich haben ergeben, dass keine der geprüften Baustoffe Pilzsporen bzw. Hyphenbruchstücke aus dem Schwarzbereich hindurchlassen. Alle geprüften Baustoffe können unter der Voraussetzung bauüblich dichter Randanschlüsse als effektive Abschottung gegen Schimmelpilzbewuchs bewertet werden. Selbst die Bauteilkonstruktion einer klassischen, geschlossenen Randfuge mit Folienranddämmstreifen lässt kein Durchdringen wachstumsfähiger Pilzsporen bzw. Hyphenbruchstücke aus dem Schwarzbereich in den Weißbereich erkennen.
Erst nach dem Entfernen des Foliendämmstreifens aus der Estrichrandfuge stiegen die Konzentrationen an wachstumsfähigen Sporen sowie Gesamtsporen in der Raumluft insbesondere nach der Luftverwirbelung (aktiviert) im »Weißbereich« an, allerdings zunächst nur leicht. Nach mikroskopischer Analyse fanden sich überraschend viele Pilzsporen auf dem offensichtlich elektrostatisch geladenen Polystyrol. Nach Austausch des Polystyrols gegen Zementestrich bzw. Steinwolle wurde dieser »Abfangeffekt« aufgehoben, die Pilzsporen passierten deutlich besser die offene Estrichrandfuge und führten zu einer signifikanten Raumluftbelastung im »Weißbereich« (Tabelle 1).

6.4 Geruchsbildungen

Um die für die Versuchsdurchführung nötige Flugfähigkeit von Sporen sicherzustellen, waren sowohl die klimatischen Randbedingungen als auch das jeweilige Prüfmedium trocken. In dieser Umgebung konnten keine Geruchsübertragungen festgestellt werden, weswegen MVOCs nicht gemessen wurden.
In einer zweiten Versuchsreihe soll ein feuchter Estrichaufbau denselben Prüfungen unterzogen und die Übertragung von Gerüchen überprüft werden.

6.5 Luftdichtheit von Dächern unter Baustellenbedingungen

Im Versuchsaufbau wurden unverschmutzte Bauteile und Dichtbänder eingesetzt. Unter Baustellenbedingungen anhaftender Schmutz kann die Adhäsion jedoch mindern oder aufheben. Nachträgliche Ablösungen von Klebe- und Dichtbändern von Luftdichtheitsebenen z. B. in Leicht- oder in Steildächern sind nach Fertigstellung oft nicht mehr einsehbar. Dann übernimmt häufig die innere Bekleidung die Luftdichtheitsfunktion. Diese kann aber auch von vorneherein nach DIN 4108-7 als luftdichte Ebene ausgebildet werden, was die Inspektion auf Leckstellen erst ermöglicht bzw. stark vereinfacht. [5]

6.6 Dauerhaftigkeit

Alle untersuchten Baustoffe verfügen jeweils über Materialstrukturen, die sich hinsichtlich der abschottenden Wirkung im Laufe der Nutzungsdauer nicht wesentlich ändern, wie das bei z. B. nachlassender Flexibilität bei Weichmacherverlust der Fall wäre. Weder bei den Hölzern noch den Holzwerkstoffen oder mineralisch gebundenen Werkstoffen, aber auch nicht bei Bauteilen aus Kunststoffen sind Gründe erkennbar, wodurch sich die Durchlässigkeit im Laufe der Nutzungsdauer erhöhen sollte.
Zu Bauteilen und -stoffen sind nur grundsätzliche Zeiträume zur zu erwartenden Nutzungsdauer angegeben. So geben Hersteller für Dichtstoffe – perspektivisch zum Zeitpunkt der Ausführung – eine zu erwartende Nutzungsdauer von fünf Jahren an. Allerdings trifft diese Prognose nur selten zu. Sie stellt auf die Flexibilität und die teilweise davon abhängende Adhäsion sowie Kohäsionsfestigkeit ab. Tatsächlich aber treten weder Risse noch Ablösungen an fehlerfrei verarbeiteten Dichtmassen in einer Häufigkeit auf, dass die Nutzungsdauer allgemein begrenzt wäre. Unversehrte Fugenverschlüsse sind aber dicht.
Die retrospektivischen, tatsächlichen Nutzungsdauern weichen oft erheblich von den perspektivischen Angaben ab.
Die Untersuchungen haben zudem gezeigt, dass an Estrichrandfugen bereits ein Randstellstreifen abschottende Wirkung erzielt – auch ohne Fugenverschluss. Risse und Ablösungen von Dichtstofffugen könnten aber vom Innenraum aus erkannt und durch Austausch beseitigt werden, was oft schon für den Feuchteschutz erforderlich ist.

6.7 Pumpeffekte an Estrichen

Die Verwirbelungen durch Computerlüfter während der bislang durchgeführten Versuchsreihen an Estrichaufbauten sollten vereinfachte Luftdruckdifferenzen simulieren, die ggf. konvektive Strömungen beim Begehen eines Estrichs in Verbindung mit nicht luftdichten Randfugen entstehen lassen können. Im Rahmen der bisherigen Untersuchungen war aber nicht validierbar, ob und wie stark Konvektion die Luft zwischen der Ebene unter und über dem Estrich austauscht und so Partikel unter dem Estrich in Innenräume gelangen können. Dies soll in einer gesonderten Untersuchung festgestellt werden.

7 Zusammenfassung

Die Forschungsarbeit behandelt keine vertraglichen Ansprüche. Sie befasst sich ausschließlich mit der Auswirkung von Schimmel in Bauteilen, mit der Wirksamkeit von partikeldichten Abschottungen unter raumlufthygienischen Aspekten.

Die Arbeit behandelt keine Schädigungsmechanismen, die sich bei Feuchte in Bauteilen ergeben können. Dazu zählen holzzerstörende Pilze in bzw. an Holzbauteilen. Sie beschäftigt sich auch nicht mit einer möglichen Freisetzung von Gefahrstoffen bei der Trocknung von Bauteilen, z. B. die von Asbest.

Der zur Diskussion stehende Pumpeffekt von begangenen, schwimmend verlegten Estrichen konnte im Rahmen der begrenzten Zeit und Mittel nicht untersucht werden. Die Forschung soll in dieser Hinsicht fortgeführt werden.

Bei Schimmelpilzbefall werden häufig Entscheidungen über Austausch oder Verbleib betroffener Bauteilschichten nicht nach hygienischen Notwendigkeiten getroffen, sondern angesichts eines durchsetzbaren Anspruchs gegen andere (z. B. Mieter gegenüber Hauseigentümern, Käufer gegen Verkäufer, Versicherungsnehmer gegen Versicherer). Offensichtlich wurden bei den bisherigen Bewertungen und in Richtlinien, Leitfäden oder Merkblättern aber Betroffene vergessen, die keine Ansprüche gegenüber anderen haben und die finanziellen Belastungen für jegliche Instandsetzungen selbst tragen müssen. Solche Fälle werden weniger bekannt, weil sie oft rasch und nur nach Vernunftsaspekten bearbeitet werden, aber keinen Anlass zum Streit geben.

Bestimmungsgemäß feuchte Estriche in Innenräumen mit offener Wassernutzung werden nicht erst in DIN 18534 geregelt, sondern sind die Standardausführung früherer Abdichtungsnormen der zweiten Hälfte des 20. Jahrhunderts. Sie wurden nicht nur im privaten Wohnungsbau eingesetzt, sondern insbesondere in öffentlich genutzten Bädern, gewerblichen Küchen und sogar in hygienisch sensiblen Räumen von Krankenhäusern, bei denen die Fußböden bestimmungsgemäß nass sind – ohne Auswirkungen auf Innenräume, etwa auf Räume in Krankenhäusern. Immerhin sind diese Bauweisen in Teil 2 der im Juli 2017 erschienenen Norm für Innenraumabdichtungen DIN 18534 (erneut) genormt.

Erst seit ca. 20 Jahren werden Abdichtungen im Verbund mit den Belägen verarbeitet, die die Innenbereiche von Fußbodenaufbauten gegenüber der Wassereinwirkung von oben schützen. Dabei können auch bei diesen die Bauteilschichten zwischen Abdichtung und Oberkante des Belags ständig feucht sein, ohne dass dadurch hygienische Probleme in Innenräumen entstehen oder zu erwarten sind.

Innerhalb von Außenwänden oder innerhalb von Dachquerschnitten liegt ebenfalls häufig bestimmungsgemäß Feuchtigkeit vor.

Diese Beispiele zeigen, dass für Nutzer keine negativen gesundheitlichen Auswirkungen entstehen, wenn innerhalb von Bauteilen Schimmel vorhanden ist, der die Baukonstruktion nicht schädigt und wenn sich der Schimmel nicht negativ auf die Innenräume auswirkt. Auch zeigen sie, dass bereits übliche Bauteilschichten gegenüber Innenräumen abschotten.

Wenn Randfugen bauüblich dicht sind und kein konvektiver Luftaustausch zwischen der Innenraumluft und den Innenbereichen von Bauteilen stattfindet, hat Schimmelpilzbewuchs in Bauteilen keine signifikante Wirkung auf die Innenraumlufthygiene. Sofern anhaltende Geruchsbelästigungen sowie feuchtigkeitsbedingte oder biogene Materialschäden auszuschließen sind, können Schimmelschäden in Bauteilen i. d. R. auch ohne Rückbau und Ersatz durch neue Bauteile instand gesetzt werden.

Die Ergebnisse der Forschungsarbeit sind ein erster Schritt, wie Bereiche der Nutzungsklasse IV des UBA-Schimmelleitfadens gegenüber Räumen der Klassen II und III abgetrennt werden können. Gegenüber Innenräumen dauerhaft partikel- und sporendichte Abschottungen können

- Kosten für nicht immer erforderliche Instandsetzungen,
- Belastungen für die Umwelt und
- unnötigen Ressourcenverbrauch

vermeiden helfen, ohne gesundheitliche Beeinträchtigungen von Bewohnern und Nutzern zu riskieren. Verbleiben Bauteile, wird zudem das Risiko einer mit einem Rückbau verbundenen Kontamination ganzer Raumbereiche oder gar ganzer Gebäude durch Schimmelpilzsporen vermieden.

Literatur

[1] Umweltbundesamt/Innenraumlufthygiene-Kommission des Umweltbundesamtes (Hrsg.): Leitfaden zur Vorbeugung, Erfassung und Sanierung von Schimmelbefall in Gebäuden. Dessau-Roßlau: November 2017

[2] AIBAU Aachener Institut für Bauschadensforschung und angewandte Bauphysik und LBW Bioconsult: Instandsetzung von Schimmelpilzschäden durch Abschottung – Partikeldichtheit von Bauteilschichten. Forschungsvorhaben, abgeschlossen Juli 2019

[3] Bundesverband öffentlich bestellter und vereidigter sowie qualifizierter Sachverständiger e. V. (BVS); Deitschun, F., Warscheid, T. (Hrsg.): Richtlinie zum sachgerechten Umgang mit Schimmelpilzschäden in Gebäuden – Erkennen, Bewerten und Instandsetzen. Netzwerk Schimmel e. V, Stand 2014, https://netzwerk-schimmel.info
[4] Wiesmüller, G. A.; Heinzow, B.; Aurbach, U.; et al.: AWMF-Schimmelpilz-Leitlinie »Medizinisch klinische Diagnostik bei Schimmelpilzexposition in Innenräumen«. AWMF-Register-Nr. 161/001 – Endfassung. Online abrufbar unter: www.awmf.org/leitlinien/detail/ll/161-001.html
[5] Vogel, Klaus; Sous, Silke; Zöller, Matthias; Grün, Gunnar; Norrefeldt, Victor: Bewertung von Fehlstellen in Luftdichtheitsebenen – Handlungsempfehlung für Baupraktiker. Forschungsbericht, herausgegeben von Bundesamt für Bauwesen und Raumordnung -BBR-, Bundesinstitut für Bau-, Stadt- und Raumforschung -BBSR-, Forschungsinitiative Zukunft Bau, Bonn; Fachverband Luftdichtheit im Bauwesen e. V. -FLiB-, Berlin; Aachener Institut für Bauschadensforschung und Angewandte Bauphysik gGmbH -AIBau-; Fraunhofer-Institut für Bauphysik -IBP-, Holzkirchen. Stuttgart: Fraunhofer IRB Verlag, 2017

Die Autoren

Dipl.-Ing. Silke Sous
- Architektin und von der AKNW öffentlich bestellte und vereidigte Sachverständige für Schäden an Gebäuden;
- staatlich anerkannte Sachverständige für Schall- und Wärmeschutz;
- Lehrbeauftragte an der HAWK Hildesheim Holzminden, Göttingen
- AIBAU gGmbH, Theresienstr. 19, 52072 Aachen
Tel. 0241/91 05 07-0, Fax 0241/91 05 07-20
silke.sous@aibau.de

Dr. Thomas Warscheid
- Dissertation über die mikrobiell induzierten Einflüsse bei der Verwitterung von mineralischen Werkstoffen; Wissenschaftlicher Mitarbeiter und Assistenz-Professor an der Universität Oldenburg;
- Berater für Bauten- und Materialschutz in unterschiedlichen Forschungslaboren;
- 1995 bis 2002 Leiter der Abteilung Mikrobiologie an der MPA Bremen;
- seit 2003 Leiter der LBW Bioconsult und Sachverständiger im Bereich des mikrobiologischen Materialschutzes im Bauwesen, der Denkmalpflege und der Wohnraumhygiene;
- Lehrbeauftragter an der TU München;
- Mitglied und aktiver Mitarbeiter bei einer Vielzahl von Gesellschaften und Vereinigungen, die sich mit der Mikrobiologie und der Bauwerksinstandsetzung beschäftigen; Vorsitzender des Netzwerks Schimmel.
- LBW Bioconsult und Netzwerk Schimmel e. V.
Schwarzer Weg 27
26215 Wiefelstede/Metjendorf
Tel. 0441/30 94 29 30, Fax 0441/40 89 203
kontakt@netzwerk-schimmel.info
https://netzwerk-schimmel.info

Prof. Dipl.-Ing. Matthias Zöller, Architekt
- Honorarprofessor am Karlsruher Institut für Technologie KIT (Universität Karlsruhe); von der IHK Pfalz öffentlich bestellter und vereidigter Sachverständiger für Schäden an Gebäuden
- Aachener Institut für Bauschadensforschung und angewandte Bauphysik gemeinn. GmbH
- Büro Neustadt:
Pfalzgrafenstr. 31
67434 Neustadt/Weinstr.
Tel. 06321/92 70-0
Fax 06321/92 70-70